数据科学与工程技术丛书

DATA ARCHITECTURE

A PRIMER FOR THE DATA SCIENTIST, SECOND EDITION

数据架构

数据科学家的第一本书

（原书第2版）

W. H. 因蒙（W. H. Inmon）

[美] 丹尼尔·林斯泰特（Daniel Linstedt） 著

玛丽·莱文斯（Mary Levins）

黄智濒 陶袁 译

机械工业出版社

China Machine Press

图书在版编目（CIP）数据

数据架构：数据科学家的第一本书：原书第 2 版 /（美）W. H. 因蒙（W. H. Inmon），（美）丹尼尔·林斯泰特（Daniel Linstedt），（美）玛丽·莱文斯（Mary Levins）著；黄智濒，陶袁译 . -- 北京：机械工业出版社，2021.4（2022.5 重印）

（数据科学与工程技术丛书）

书名原文：Data Architecture: A Primer for the Data Scientist, Second Edition

ISBN 978-7-111-67960-8

I. ①数… II. ①W… ②丹… ③玛… ④黄… ⑤陶… III. ①数据处理 IV. ①TP274

中国版本图书馆 CIP 数据核字（2021）第 062547 号

北京市版权局著作权合同登记 图字：01-2020-3424 号。

Data Architecture: A Primer for the Data Scientist, Second Edition

W. H. Inmon, Daniel Linstedt, Mary Levins

ISBN: 9780128169162

数据架构：数据科学家的第一本书（原书第 2 版）

出版发行：机械工业出版社（北京市西城区百万庄大街 22 号 邮政编码：100037）

责任编辑：曲 熠　　　　　　　　　　　　　责任校对：殷 虹

印　　刷：北京捷迅佳彩印刷有限公司　　　　版　　次：2022 年 5 月第 1 版第 2 次印刷

开　　本：185mm×260mm　1/16　　　　　　印　　张：15.25

书　　号：ISBN 978-7-111-67960-8　　　　　定　　价：89.00 元

客服电话：（010）88361066　88379833　68326294　　　投稿热线：（010）88379604

华章网站：www.hzbook.com　　　　　　　　　读者信箱：hzjsj@hzbook.com

献　词

我要将本书献给下面的医生和医院，是他们救了我的命。

如果没有这些医生和医院，没有他们的精细护理，这本书永远不会写成。他们是：

❑ 科罗拉多州丹佛市玫瑰医院
❑ 科罗拉多州丹佛市国立犹太医院
❑ 玫瑰医院 Christopher Stees 医生
❑ 玫瑰医院 Peder Horner 医生
❑ 玫瑰医院 Michael Firstenberg 医生
❑ 玫瑰医院 Ryan Tobin
❑ 国立犹太医院 Susan Kotake 医生
❑ 国立犹太医院 Ellen Volker 医生

以及所有的护士和其他工作人员，由于人数太多，原谅我无法一一列举出来。

谢谢，谢谢，谢谢！

WHI

2019 年 2 月

译 者 序

"数据,已经渗透到当今每一个行业和业务职能领域,成为重要的生产因素。"确实,数据已成为21世纪的"石油",成为世界上关键的战略性基础资源。大数据的概念从2012年起进入大众视野,近几年来受到了越来越多的关注。特别是2020年全世界爆发新冠疫情以来,大数据科学家应用大数据技术对不同地区的人群感染新冠病毒的数量进行预测,帮助相关部门对疫情进行防控,让人们进一步意识到开展大数据研究的重要意义。本书为数据科学家未来从事大数据研究提供了全新的视角。

大数据是人工智能的重要基础,人工智能反过来也拓宽了对大数据的数据量和数据种类的需求。为了获得更高的智能,需要对已有的数据采集、数据清洗、数据过滤和数据分析等相关算法及理论进行优化,或者开发设计出新的算法,探索新的理论。大数据与人工智能之间的关系是相互依赖和相互促进,同时,人工智能对数据架构的理论提出了更高的要求。

本书从数据架构的角度描述数据,从不同数据背景的角度介绍数据,并利用不同行业的大量实例和案例研究,为数据科学家提供必要的知识。结合这些行业的实例,数据科学家将从整体的角度对数据有更全面、更清楚的认识。本书提出了终端状态架构的概念,帮助读者更宏观地把握数据收集、治理、提取、分析等不同阶段使用的不同技术。本书还对数据的商业价值、数据管理和数据可视化等进行了综合介绍,帮助数据科学家更全面地认识数据处理,为大数据未来的技术和理论发展提供新的思路。

数据科学是一个正在蓬勃发展的领域,也是一种正在改变世界和影响日常生活的技术。虽然我们开展了很多相关领域的研究和探索,但在翻译的过程中依然感到本书涉及面广,涵盖内容多。为此,我们力求准确反映原书所表达的思想、概念和技术原理,希望能对相关的研究人员、技术人员和学生有所帮助。但受限于译者的学术和技术水平,翻译中难免有错漏或瑕疵,恳请读者及同行批评指正,我们将不胜感激。

最后,感谢家人和朋友的支持与帮助。同时,要感谢在本书翻译过程中做出贡献的人,特别是北京邮电大学张瑞涛、赵孟宇、傅广涛、丁哲伦、黄淮、靳梦凡和张涵等。还要感谢机械工业出版社的各位编辑,以及北京邮电大学计算机学院的大力支持。

北京邮电大学
智能通信软件与多媒体北京市重点实验室
计算智能与可视化实验室
黄智濒 陶袁
2021 年 2 月

目　　录

第1章

数据架构与数据类型

1.1 数据架构简介

数据架构是关于数据的更大的图景，以及数据如何在典型的组织中匹配在一起。从企业的所有数据开始，我们可以自然而然地了解数据是如何匹配在一起的。图 1.1.1 简要描述了企业中所有数据的总体情况。

企业数据

图 1.1.1 企业数据的总体情况

图 1.1.1 描述了企业中的各种数据，包括运行事务产生的数据、电子邮件、电话对话、个人电脑中的数据、计量数据、办公室的备忘录、合同、安全报告、工时表和账簿。

总而言之，如果是数据，而且是在公司内的数据，则用图 1.1.1 所示的条形图来表示。

1.1.1 细分数据

对图 1.1.1 所示的数据进行细分的方式有很多，后文所示的方式只是数据的多种理解方式之一。了解企业数据的一种方法是看结构化数据和非结构化数据。图 1.1.2 显示了这种数据的细分。

结构化数据

图 1.1.2 结构化数据仅是企业数据的一小部分

结构化数据是指定义好的数据。结构化数据一般是重复性的，同一结构的数据重复出现，一个数据的出现和另一个数据的出现之间的唯一区别在于数据的内容。作为一个简单的结构化数据的例子，考虑一个零售商的销售记录——"SKU"商品的销售记录。沃尔玛每次销售时，都会记录下销售的商品、销售金额、支付的税金以及销售的日期和地点。在一天的时间里，沃尔玛会建立很多商品的销售记录。从结构化的角度来看，一件商品的销售情况将与另一件商品的销售情况相同。这些数据之所以被称为"结构化"，是因为这些记录的结构相似。

记录的高度结构化和定义化，使得在数据库管理系统内部很容易处理这些记录。然而，结构化记录并不是公司中唯一的一种数据。事实上，结构化数据通常只代表公司中的一小部分数据。公司中的另一种数据被称为非结构化数据。

公司里有多少数据是结构化的，又有多少是非结构化的？对于这个问题，有低至2%的估计，也有高至20%的估计。这个估计主要取决于公司的业务性质和计算公式中使用的数据的性质。

1.1.2　重复性和非重复性非结构化数据

企业中的非结构化数据有两种基本类型——重复性非结构化数据和非重复性非结构化数据。图1.1.3描述了企业中不同类型的非结构化数据。

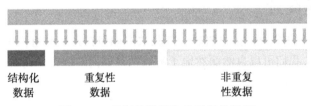

图1.1.3　重复性数据和非重复性数据

企业中重复性非结构化数据的典型形式可能是模拟机器产生的数据。例如，一个农场主有一台机器，当火车经过农场主的庄园时，会读取火车的标识。火车昼夜不停地经过该庄园，电子眼读取并记录下每一辆车在轨道上的通过情况。

非重复性非结构化数据是指非重复性的数据，如电子邮件等。每封电子邮件可以是长的，也可以是短的。电子邮件可以是英文或西班牙文（或其他语言）的，电子邮件的作者可以说任何他想说的东西。如果任何一封邮件的内容与其他邮件的内容完全相同，那只是一个纯粹的意外。而非重复性非结构化数据有很多种形式，如语音录音、合同、客户反馈信息等。

由于非结构化数据的不规则形式，非结构化数据不适合标准的数据库管理系统。

1.1.3　数据的"分水岭"

其实这一点并不明显，但在非结构化数据中，非结构化重复性数据和非结构化非重复性数据之间的分界线是非常重要的。事实上，非结构化重复性数据和非结构化非重复性数据之间的分界线是如此重要，以至于可以称之为数据的"分水岭"。图1.1.4显示了数据的"分水岭"。

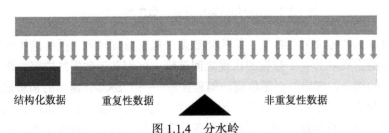

图1.1.4　分水岭

为什么会出现如此大的数据分化，这一点很难说清楚。但是，这种分化有一些非常好的理由：

❑ 重复性数据通常具有非常有限的商业价值，而非重复性数据则具有丰富的商业价值。

❑ 重复性数据可以用一种方式处理，而非重复性数据的处理方式则大不相同。

❑ 重复性数据可以用一种方式进行分析，而非重复性数据的分析方式则大不相同。

还有许多诸如此类的理由。重复性数据和非重复性数据，这两个世界就像粉笔和奶酪一样不同。在一个世界中有用的工具和技术根本就不适用于另一个世界，反之亦然。

在许多方面，数据的分水岭与大陆分水岭一样深刻。在大陆分水岭上，落在大陆分水岭一侧的雪最终会变成水流入太平洋，而落在大陆分水岭另一侧的雪最终会流向大西洋。图 1.1.5 为大陆分水岭。

图 1.1.5　北美洲大陆分水岭（落基山脉）

1.1.4　文本数据和非文本数据

非结构化非重复性数据可以进一步细分为文本数据和非文本数据。图 1.1.6 显示了这种进一步细分的数据。

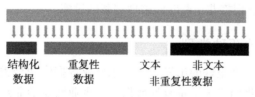

结构化　　重复性　　　　文本　　非文本
数据　　　数据　　　　　非重复性数据

图 1.1.6　文本和非文本非重复性数据

文本数据是指以文本形式体现的数据，比如电子邮件或合同数据。一封电子邮件除了文字之外什么都没有，而一份合同除了文字之外也什么都没有。非重复性的非文本数据可能是保险理赔员在汽车发生事故后拍摄的照片，或者房地产经纪人为要出售的房子拍摄的视频。

1.1.5　各种形式的数据

对于图 1.1.6 所示的数据的基本划分，有很多重要的原因。每一种数据的划分都需要各自的基础设施、相关技术和处理方式。尽管所有形式的数据都存在于同一个公司内，但每一种形式的数据也可能存在于不同的星球上。它们只是需要自己的处理方式和独特的基础设施。

1.1.6 商业价值

对于不同形式的数据的不同处理方式，同样有很多原因。但也许导致数据形式不同的最突出的原因是与商业价值的关系。从图 1.1.7 可以看出，不同形式的数据与商业价值之间存在着截然不同的关系。

图 1.1.7 不同类型数据的商业价值差异巨大

从图 1.1.7 可以看出，结构化数据的商业价值非常高。以结构化数据的价值为例，无论是对银行还是对客户来说，正确的银行账户余额对企业来说确实是非常重要的。

文本数据包含了更高价值的业务数据。当客户通过呼叫中心与公司的代理人交谈时，客户所说的一切都是有价值的。而非重复性的非文本数据和非结构化的重复性数据的商业价值明显较少。

1.2 数据基础设施

如果说数据管理和数据架构有什么秘诀的话，那就是从基础设施的角度理解数据。换句话说，如果不了解围绕着数据的底层基础设施，想要理解数据管理和运行的更大架构几乎是不可能的。因此，我们将花一些时间来理解基础设施。

1.2.1 重复性数据的两种类型

要理解基础设施，一个很好的出发点是考虑企业数据中两种类型的重复性数据。在企业数据的结构化方面，我们发现了重复性数据。在企业数据的非结构化方面，我们也会发现重复性数据。尽管听起来数据的类型是一样的，但不同类型的重复性数据之间还是有明显的区别。提到结构化的重复性数据，交易信息作为重复性数据的一部分是很正常的，如销售交易、SKU 的库存交易、库存补货交易、支付交易等。在结构化的世界里，有很多这样的交易都是在重复结构化的世界里找到的。

另一种是在非结构化大数据世界中发现的重复性数据。在非结构化的大数据世界里，可能有计量数据、模拟数据、制造数据、点击流数据等。

那么问题来了，这些类型的重复性数据都是一样的吗？它们当然是重复性的，但是，这些不同类型的重复性数据是不一样的。那么，这两种类型的重复性数据之间的区别是什么呢？图 1.2.1 象征性地显示了重复性数据的两种类型。

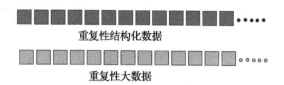

图 1.2.1　重复性数据的两种类型

1.2.2　重复性结构化数据

为了了解这两种重复性数据的区别，有必要逐一了解每一种数据。我们先从重复性结构化数据说起。如图 1.2.2 所示，重复性结构化数据被分解成记录和块。

图 1.2.2　重复性数据被分解成块

重复性结构化环境中最基本的信息单位是数据块。每个数据块的内部都是数据的记录。图 1.2.3 是数据块内的简单记录。

每一条数据记录通常都代表一笔交易，例如代表某产品销售情况的数据记录，每一条记录都代表一次销售。每个记录内部都有键、属性和索引，图 1.2.4 显示了记录的结构。

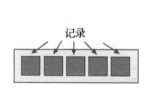

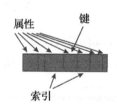

图 1.2.3　数据块内的记录　　　　图 1.2.4　属性、键和索引

如果一个记录是代表销售的记录，那么属性可能是关于销售日期、销售的物品、物品的成本、物品的税金、谁购买了该物品等的信息。记录的键是一个或多个属性，这些键对记录进行唯一的定义。销售的键可能是销售的日期、销售的物品和销售的地点。

附在记录上的索引是在希望快速访问记录时所需要的属性。

在 DBMS 下管理的结构化重复性数据所附带的基础设施如图 1.2.5 所示。

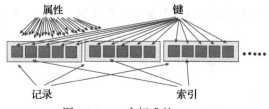

图 1.2.5　一个标准的 DBMS

1.2.3 重复性大数据

另一种重复性数据是大数据中发现的重复性数据。图 1.2.6 描述了大数据中发现的重复性数据。

图 1.2.6　重复性大数据

乍一看，在图 1.2.6 中看到的只是大量的重复记录。但仔细观察，会发现这些重复性的大数据记录都被打包成一串数据，而这一串数据被存储在一个数据块内，如图 1.2.7 所示。

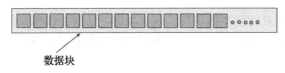

数据块

图 1.2.7　数据块

图 1.2.7 中的结构化基础设施是典型的在 Oracle、SQL Server 和 DB2 等多个 DBMS 下管理的基础设施。

大数据的基础设施与标准 DBMS 中的基础设施有很大的不同。在大数据的基础设施中有一个块，而在这个块中有许多重复的记录。每一条记录都只是与其他记录相连接。图 1.2.8 所示为大数据中可能发现的记录。

图 1.2.8　数据块内记录

在图 1.2.8 中，可以看到仅仅是一串长长的数据，记录是逐一堆叠的。系统只看到数据块和长串数据。如图 1.2.9 所示，为了找到一条记录，系统需要对这串数据进行"解析"。

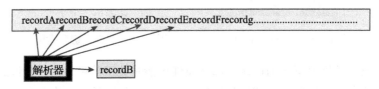

图 1.2.9　解析数据块内记录

假设系统想找到一条给定的记录。系统需要按顺序读取数据串，直到识别出有一条记录。然后，系统需要进入该记录，确定它是否是记录"B"。这就是大数据中最原始的搜索方式。

显然，在大数据中寻找数据消耗了大量的机器周期。为此，大数据环境中采用了一种称为"罗马人口普查方法"的处理手段。关于"罗马人口普查方法"的更多内容将在第 4 章中介绍。

1.2.4 两种基础设施

图 1.2.10 是两种不同的基础设施的对比。

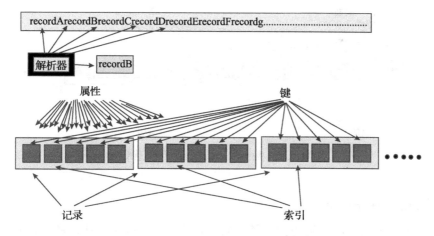

图 1.2.10　两种不同的基础设施

可见，围绕着大数据和结构化数据的基础设施是完全不同的。围绕着大数据的基础设施相当简单，并且是流线型的；而围绕着结构化 DBMS 数据的基础架构是复杂的，并且不是流线型的。

重复性结构化数据的基础设施和重复性大数据之间存在着明显的差异，这一点是没有任何争议的。

1.2.5　基础设施的优化

在观察这两个基础设施的时候，自然会问：不同的基础设施在优化什么？就大数据而言，基础设施的优化在于系统管理几乎无限量数据的能力。如图 1.2.11 所示，在大数据的基础设施下，添加新的数据是一件非常容易且呈流线型的事情。

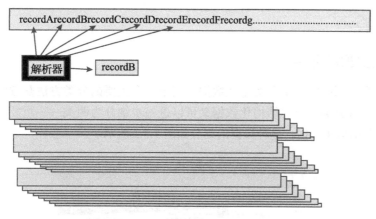

图 1.2.11　存储大量数据的优化

但是，结构化 DBMS 背后的基础设施的优化与管理海量数据完全不同。就结构化 DBMS 环境而言，优化的重点在于快速有效地找到任何一个给定的数据单位的能力。图 1.2.12 展示了标准结构化 DBMS 的基础设施的优化。

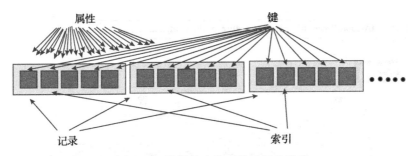

图 1.2.12 数据的直接在线访问的优化

1.2.6 比较两种基础设施

另一种思考不同基础设施的方式是，从找到给定的数据单位所需的数据量和开销来看。为了找到一个给定的数据单位，大数据环境必须通过一大堆数据进行搜索。为了找到一个给定的项，必须进行许多输入/输出（I/O）操作。而要在结构化的 DBMS 环境中找到同一个项，只需要做几个 I/O 操作。因此，如果你想优化数据的访问速度，标准的结构化 DBMS 是最好的选择。

另一方面，为了实现访问速度，标准的结构化 DBMS 需要一个精心设计的数据基础设施。随着数据的变化，不仅要构建基础设施，还要随着时间的推移不断维护基础设施。基础设施的构建和维护需要大量的系统资源。但当涉及大数据时，需要构建和维护的基础设施是零。大数据基础设施的构建和维护非常容易。

本节开篇就提出了重复性数据在结构化环境和大数据环境中都可以找到重复性数据的命题。乍一看，这些重复性数据是一样的，或者说是非常相似的。但当我们了解基础设施和基础设施中所隐含的机理，就会发现每个环境中的重复性数据确实有很大的区别。

1.3 分水岭

1.3.1 企业数据的分类

可以用许多不同的方式来分类企业数据。其中一个主要的分类方法是按结构化数据与非结构化数据进行分类，而非结构化数据又可以进一步细分为两类——重复性非结构化数据和非重复性非结构化数据。这种数据的划分如图 1.3.1 所示。

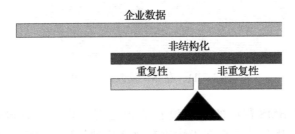

图 1.3.1 分水岭

重复性非结构化数据是指经常发生的数据，其记录在结构和内容上几乎完全相同。重复性非结构化数据的例子很多，如电话通话记录、计量数据、模拟数据等。

　　非重复性非结构化数据是指由数据记录组成的数据，这些记录在结构或内容上都不相似。非重复性非结构化数据的例子有很多，如邮件、呼叫中心对话、保质期索赔等。

1.3.2　什么是分水岭

　　在这两类非结构化数据之间就是"分水岭"——重复性记录和非重复性记录的分界。乍看之下，数据的重复性非结构化记录和非重复性非结构化记录之间似乎不应该有巨大的区别，但事实并非如此。重复性非结构化数据和非重复性非结构化数据之间确实有很大的区别。

　　这两种非结构化数据的主要区别在于，重复性非结构化数据将注意力集中在 Hadoop/大数据环境下的数据管理上，而非重复性非结构化数据的注意力则集中在数据的文本消歧上。正如我们将看到的那样，这种关注点的差异使得数据感知、数据使用和数据管理方式都产生了巨大的差异，如图 1.3.2 所示。

　　由此可见，这两种非结构化数据之间的关注点完全不同。

1.3.3　重复性非结构化数据

　　重复性非结构化数据被称为以"Hadoop"为中心，这意味着对重复性非结构化数据的处理围绕着处理和管理 Hadoop/ 大数据环境进行。从图 1.3.3 中可以看出重复性非结构化数据的中心性。

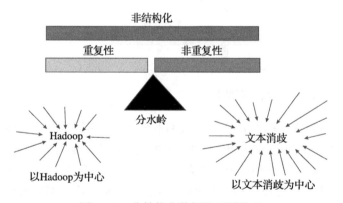
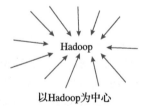

图 1.3.2　非结构化数据的不同类型　　　　图 1.3.3　以 Hadoop 为中心的非结构化数据

　　Hadoop 环境的中心自然是 Hadoop。Hadoop 是对大量数据进行管理的技术之一。Hadoop/ 大数据是所谓的"大数据"的中心。

　　Hadoop 是大数据的主要存储机制之一。Hadoop 的基本特点是：能够管理非常大的数据体量，在廉价存储上管理数据，用"罗马人口普查方法"管理数据，以非结构化的方式存储数据。

　　由于 Hadoop 的这些特性，其可以管理非常大的数据体量。Hadoop 能够管理的数据体量要比标准的关系型数据库管理系统大得多。Hadoop 的大数据技术如图 1.3.4 所示。

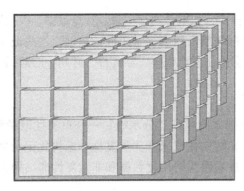

图 1.3.4　Hadoop

但 Hadoop/ 大数据是一种原始技术。为了实现所需功能，Hadoop/ 大数据需要有自己独特的基础设施才能发挥作用。

Hadoop/ 大数据相关技术服务于管理数据，以及访问和分析 Hadoop 中发现的数据。Hadoop 的基础设施服务如图 1.3.5 所示。

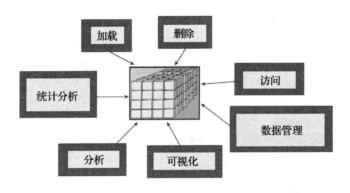

图 1.3.5　大数据所需服务

对于 Hadoop/ 大数据服务，任何使用过标准 DBMS 的人都不会陌生。不同的是，在标准 DBMS 中，服务是在 DBMS 中找到的，而在 Hadoop 中，很多服务都必须从外部完成。第二个主要的区别是，在整个 Hadoop/ 大数据环境中需要为海量的数据提供服务。Hadoop/ 大数据环境中的开发者必须准备好管理和处理极其庞大的数据量。这意味着许多基础设施任务只能在 Hadoop/ 大数据环境中处理。

事实上，Hadoop 环境中渗透着处理海量数据——事实上，几乎是无限量数据——的需求，从图 1.3.6 中可以看到这种需求。

还需要强调在 Hadoop 环境中完成数据管理的常规任务，在这个环境中必须能够处理非常大的数据量。

1.3.4　非重复性非结构化数据

非重复性非结构化环境所强调的重点与

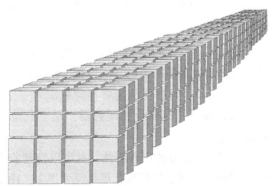

图 1.3.6　无限量的数据

大数据技术强调 Hadoop 的管理完全不同。非重复性非结构化环境强调"文本消歧",或者说强调文本提取 / 转换 / 加载(Extract/Transform/Load, ETL),如图 1.3.7 所示。

　　文本消歧是将非重复性非结构化数据处理成标准分析软件可以分析的格式的过程。文本消歧有很多方面,但最重要的功能可能是"语境化"。语境化是通过阅读和分析文本而推导出文本语境的过程。一旦推导出文本的语境,文本就会被重新格式化为标准的数据库格式,进而用标准的"商业智能"软件对文本进行读取和分析。文本消歧过程如图 1.3.8 所示。

图 1.3.7　以文本消歧为中心的　　　　图 1.3.8　从非结构化数据到结构化数据
　　　　　　非结构化数据

　　由于文本消歧完全摆脱了自然语言处理(NLP)的限制,用于推导语境的技术也多种多样,包括:

❏ 外部分类法和本体论的集成
❏ 邻近度分析
❏ 同形异义词消解
❏ 子文档处理
❏ 关联文本消解
❏ 缩略词消解
❏ 简单停用词处理
❏ 简单词干提取
❏ 内嵌模式识别

文本消歧过程确实涉及很多方面,图 1.3.9 显示了文本消歧的一些比较重要的方面。

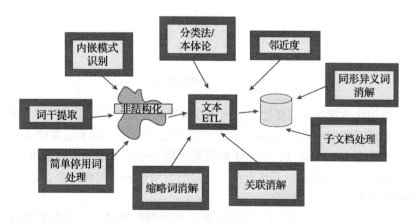

图 1.3.9　将非结构化数据转化为结构化数据所需的一些服务

需要关注文本消歧所管理的数据量。不过，可以处理的数据量相对于数据转换而言是次要的。简单地说，如果你不能理解处理的数据是什么，那么处理数据的速度再快也意义不大。图 1.3.10 描述了文本消歧由转换过程所主导的事实。

图 1.3.10　转换

重复性非结构化环境中的处理过程与非重复性非结构化环境中的处理过程所强调的重点完全不同。

1.3.5　不同的环境

从图 1.3.11 中可以看出这种差异。

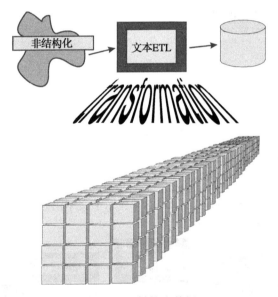

图 1.3.11　转换大数据

重复性非结构化数据与非重复性非结构化数据之间存在差异的部分原因在于数据本身。对于重复性非结构化数据，没有太多必要去发现数据的语境。对于重复性非结构化数据，数据发生的频率和重复性非常高，以至于数据的语境相当明显或相当容易确定。此外，对于重复性非结构化数据，通常一开始也没有太多的语境数据。因此，重点几乎完全放在管理数据体量的需求上。

但对于非重复性非结构化数据，则需要推导出数据的语境。在对数据进行分析之前，需要对数据进行语境推导。而对于非重复性非结构化数据，推导出数据的语境是一件非常复杂的事情。当然，对于非重复性非结构化数据，还需要对数据体量进行管理，但最主要的需求是首先要对数据进行语境推导。

正是由于这些原因，在管理和处理不同形式的非结构化数据时存在很大区别。

1.4　企业数据统计图

了解企业数据可以分为不同的类别是一回事，深入理解这些类别是另一回事。图 1.4.1 显示了企业数据的一种划分方式。

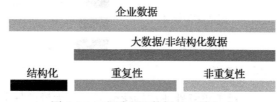

图 1.4.1　查看企业数据的一种方式

从图 1.4.1 中可以看出，大数据中所有的数据都是非结构化的，大数据可以分为两大类——重复性非结构化数据和非重复性非结构化数据。图 1.4.1 中的图示是企业数据的主要分类。但是这个图可能会有很大的误导性，有些企业拥有大量的重复性非结构化数据，而其他企业则完全没有重复性非结构化数据。

图 1.4.2 是更为符合实际的重复性非结构化数据的统计图。

图 1.4.2　数据类型的比值谱范围

从图 1.4.2 中可以看出，重复性数据与其他类型数据的比值谱范围很广。从统计图的视角来看，有些企业的重复性非结构化数据占优势，而其他企业完全没有重复性非结构化数据，还有一些企业则介于这两种极端情况之间。

业务类型与重复性非结构化数据的多少（或有无）有很大关系。图 1.4.3 按业务类型给出了重复性非结构化数据所占比例的一般情况。

从图 1.4.3 中可以看出，某些行业有很多重复性非结构化数据。其中，天气预报、制造业、公共事业在这方面名列前茅。这类企业的活动会产生大量的重复性非结构化数据。另一方面，小型零售企业可能根本没有重复性非结构化数据。在此根据业务的不同，给出了重复性非结构化数据与其他类型数据的比值谱图。

另一种方法是按照数据类型进行统计，图 1.4.4 给出了相应的比值谱图。

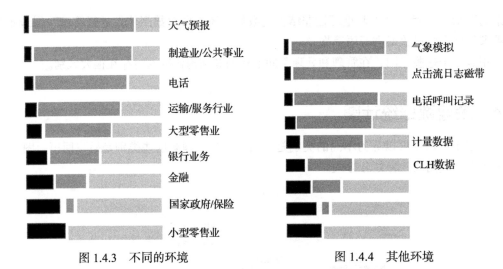

图 1.4.3   不同的环境   图 1.4.4   其他环境

从图 1.4.4 中可以看出，对于重复性非结构化数据，有大量的气象数据、模拟数据以及有些企业中的点击流数据。

虽然重复性非结构化数据的统计图是查看企业数据的一种有趣的方式，但也有其他有趣的角度。其中之一是从业务相关性的角度来观察。业务相关性是指数据在决策过程中的有用性。有些企业数据的业务相关性很强，而其他企业数据则与企业决策根本不相关。从图 1.4.5 中可以看出业务相关性与企业数据的关系。

从图 1.4.5 中可以看出，业务相关性实际有三类——业务相关数据、业务无关数据和业务潜在相关数据。下面解释每一类数据的内涵。

第一类数据是结构化数据。结构化数据通常由 DBMS 管理。图 1.4.6 显示，所有结构化数据都（至少潜在有可能）与业务相关。

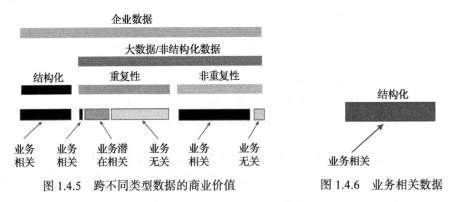

图 1.4.5   跨不同类型数据的商业价值   图 1.4.6   业务相关数据

很多结构化的数据都可以进行在线处理，而且结构化环境中的所有数据元素都可以被定位、访问并进行处理。为此，所有的结构化数据都被归类为与业务相关的数据。

举一个例子。一个客户走进银行，要求取款 500 美元。银行出纳员进入客户的账户，看到账户里有足够的余额。然后银行出纳员授权取款 500 美元。在这个过程中用到了有关该客户的数据，这些数据当然是业务相关的。

现在考虑一下银行出纳员没有访问银行结构化数据库中的数据的情况。这些数据即使没有被使用，是否仍然与业务相关？答案是肯定的，即使没有被使用，这些数据仍然与业务相关。虽然只是可能被使用，但它们仍然与业务相关。

这就是为什么所有的结构化数据都被认为与业务相关。它的实际使用情况与其商业价值关系不大。即使不主动使用，这些数据仍然具有商业价值和相关性。

现在考虑一下重复性非结构化数据的业务相关性。图 1.4.7 显示，只有极少部分重复性非结构化数据与业务相关，比例稍大一些的重复性非结构化数据可能与业务潜在相关，而很大一部分重复性非结构化数据与业务无关。

为了理解重复性非结构化数据的业务相关性，考虑一下日志磁带。在查看日志磁带时，日志磁带上的几乎所有记录对业务用户来说都是毫无意义的，只有少数重要的记录可能有直接的业务相关性。

或者考虑电话呼叫详细记录。在一天的时间里，许多记录会被创造出来。假设你要找的是与恐怖主义有关的电话记录，那么在数以百万计的电话呼叫中，可能只有少数几个电话与恐怖主义活动有关。

同样的现象也存在于点击流数据、模拟数据、计量数据等。然而，确实存在一些与业务不直接相关但潜在与业务相关的记录。这些潜在与业务相关的记录是指那些对业务并不直接有用，但在某些情况下潜在有用的记录。

现在，让我们考虑一下非重复性非结构化数据的业务相关性。非重复性非结构化数据是由电子邮件、呼叫中心数据、对话和保险理赔等记录组成的。图 1.4.8 描述了非重复性非结构化数据的业务相关性情况。

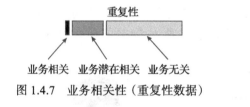

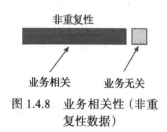

图 1.4.7　业务相关性（重复性数据）　　图 1.4.8　业务相关性（非重复性数据）

非重复性非结构化数据包含垃圾信息、废话、停用词等数据，这些类型的数据与业务无关。但在非重复性非结构化类别中发现的大部分数据都是与业务相关的（或至少是潜在相关的）。

现在，让我们停下来看看业务相关性的统计图，因为它们与非结构化数据（大数据）有关。图 1.4.9 显示了哪里存在业务相关性。

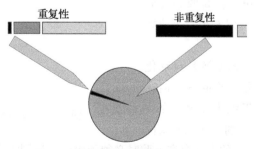

业务相关性——在所有与业务相关的
数据中只有一小部分来自重复性数据

图 1.4.9　业务相关性

图 1.4.9 显示，大数据的绝大部分业务相关性在于非重复性非结构化数据领域，重复性非结构化数据中的业务相关性相对较少。这张图或许可以解释为什么那些关注点几乎完全集中在重复性非结构化数据上的早期大数据支持者在建立大数据的业务相关性方面会如此困难。

1.5   企业数据分析

数据只有用于分析才能带来价值。所以，数据架构师必须时刻牢记，数据的目的最终是支持分析。

对企业数据的分析和对其他类型数据的分析很像，只有一个例外——大多数时候，企业数据有多种来源，包含多种数据类型。事实上，企业数据的来源是多方面的，这是所有企业数据分析面临的挑战。图 1.5.1 描绘了分析企业数据的需求。

如同所有数据分析的情况一样，分析时首先要考虑的是该分析是正式分析还是非正式分析。正式分析是一种具有企业甚至法律后果的分析。有时候，组织

图 1.5.1   检查细节

还必须在遵守合规性规则的前提下进行分析，例如那些实施 Sarbanes-Oxley 法案或 HIPAA 法案的管理型机构。还有很多其他类型的合规性，比如审计合规性等。在进行正式分析时，分析师要关注数据的有效性和数据的谱系。如果使用不正确的数据进行正式分析，后果会很严重。因此，如果要进行正式分析，那么数据的真实性及其谱系情况就非常重要。对于上市企业来说，必须由外部的公共会计师事务所对数据的质量和准确性进行签字确认。

另一种分析类型是非正式分析。非正式分析通常需要快速完成，并且可以使用任何可用的数字。如果非正式分析所使用的数据是准确的，这固然很好，但使用准确性略差的信息也不会引起严重的后果。在进行数据分析时，必须时刻注意分析是正式的还是非正式的。

做企业数据分析的第一步是收集要分析的数据。从图 1.5.2 中可以看出，企业数据通常有很多不同的来源。

在许多情况下，数据的来源是自动化的，所以收集数据并不是什么问题。但在某些情况下，数据存在于纸张等物理介质上，必须利用光学字符识别（OCR）软件

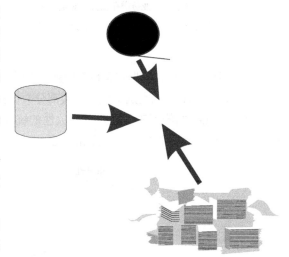

图 1.5.2   文本数据的多样化来源

等技术。数据还可能以对话的形式存在，此时必须利用语音识别 / 转录技术。

通常情况下，在整个企业内部做分析时，物理上的数据收集是最容易的部分，更具挑战性的是逻辑消解问题。企业数据管理的逻辑消解方面要解决的是将许多不同的数据源汇

集在一起，并对数据进行无缝读取和处理的问题。在企业数据的逻辑消解方面存在许多问题，比如：

- ❏ 消解键结构——企业某部分所采用的键结构与另一部分所采用的类似键结构不同。
- ❏ 消解定义——在企业内以一种方式定义的数据在企业的不同部分以另一种方式定义。
- ❏ 消解计算——在企业内以一种方式进行的计算在企业的另一部分使用不同的公式来计算。
- ❏ 消解数据结构——在企业中以一种方式结构化的数据在企业的另一部分中以不同的方式结构化。

还有很多类似的问题。

在许多情况下，消解的困难是如此之大，而且这些困难在数据中根深蒂固，很难得到令人满意的结果。在这种情况下，企业最终由企业内的不同组织进行不同的分析。不同的组织分别做各自的分析和计算的问题是，不同组织得到的结果往往是片面的。在企业层面上，没有人能够看到最高层的情况。

当数据跨越结构化数据和大数据的边界时，企业数据的消解问题就会被放大。而即使在大数据内部，当数据跨越重复性非结构化数据和非重复性非结构化数据的边界时，也会面临挑战。

因此，当企业试图在整个企业中建立一个连贯的、整体的数据视图时，就会遇到严重的挑战。如图 1.5.3 所示，如果要建立真正的企业级的数据基础，就必须进行数据集成。

一旦完成数据集成（或者至少有一次实际上集成了尽可能多的数据），那么数据就会被重新格式化为规范形式。数据组织结构的规范化主要起到以下两个作用：

- ❏ 规范化是组织数据的一种逻辑方式。
- ❏ 很多分析和处理工具都是在规范化数据上操作的最佳工具。

从图 1.5.4 中可以看出，数据一旦被规范化，就很容易分析。

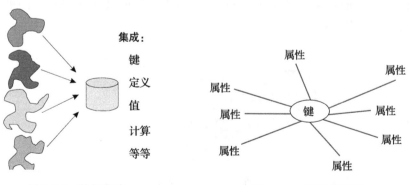

图 1.5.3 数据集成   图 1.5.4 规范化数据

规范化的结果是可以将数据放入平面文件记录中。一旦数据被放置到规范化的平面文件记录中，就可以方便地对其进行计算、比较等规范化处理。

规范化是数据用于分析时具备的最佳状态，因为在规范化状态下，数据处于颗粒度非常低的状态。在这种状态下，可以用很多不同的方式对数据进行分类和计算。从类比的角度看，规范化状态下的数据类似于硅粒。原始的硅粒可以被重新组合和再制造成许多不同的形态——玻璃、计算机芯片、身体植入物等。同样，规范化状态的数据可以被重新加工以用于多种形式的分析。

（补充说明一下，规范化数据不一定意味着将数据放到关系结构中。大多数时候，规范化后的数据都会被放置到关系结构中。但如果有意义的话，完全可以将规范化后的数据放在关系结构以外的结构中。）

无论使用何种结构来组织数据，其结果都是将规范化的数据放到关系型或非关系型的数据记录中，如图 1.5.5 所示。

一旦数据被结构化成颗粒状态，那么就可以用多种方式对数据进行分析。实际上，当企业数据被集成并以颗粒状态存放后，对企业数据的分析就与其他任何一种数据分析没有太大区别。

通常情况下，分析的第一步是对数据进行分类。图 1.5.6 给出了数据的分类过程。

图 1.5.5   规范化的数据记录

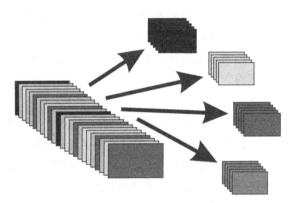

图 1.5.6   数据的分类

一旦完成数据分类，接着就可以做多种分析。其中一种典型的分析是识别异常数据。例如，分析师可能希望找到过去一年中所有消费超过 1000 美元的客户，也可能想找到日产量峰值超过 25 台的日期，或者还有可能想找出哪些重量超过 50 磅的产品被涂成红色。图 1.5.7 描述了异常分析过程。

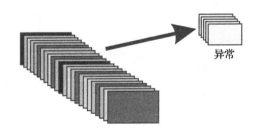

异常

图 1.5.7   异常分析

另一种简单形式的分析是对数据进行分类和计数。图 1.5.8 所示为简单的分类和计数过程。当然，在按类别进行计数之后，也可以进行不同类别的比较，如图 1.5.9 所示。另一种典型的分析是对不同时间段的信息进行比较，如图 1.5.10 所示。最后，还有关键绩效指标（KPI）。图 1.5.11 显示了按照时间推移来计算和跟踪关键绩效指标的情况。

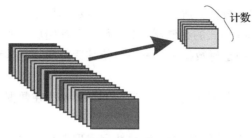

图 1.5.8 记录的简单计数

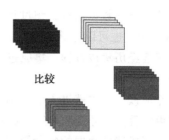

图 1.5.9 不同记录的比较

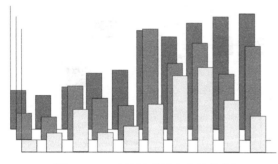

图 1.5.10 比较随时间变化的信息

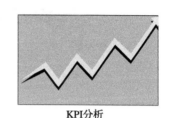

图 1.5.11 关键绩效指标

1.6 数据的生命周期：理解时间线上的数据

企业中的数据有一个可预测的生命周期，这个生命周期适用于大多数数据。然而，也有少数例外，有些数据不遵循将要描述的生命周期（但大多数数据都是如此）。数据的生命周期如图 1.6.1 和图 1.6.2 所示。

图 1.6.1 数据的生命周期（1）

⇨ 集成 ⇨ 有用性 ⇨ 归档 ⇨ 丢弃

图 1.6.2 数据的生命周期（2）

数据的生命周期表明了原始数据进入企业信息系统的情况。生成原始数据记录的方式有多种。客户可能做了一个交易，数据作为交易的副产品被录入。模拟计算机可能完成了一次读数，数据作为模拟处理的一部分被录入。客户可能会发起一个活动（如打电话），计算机捕获该信息。数据可以通过多种方式进入企业的信息系统。

在原始详细数据进入系统后，下一步就是通过捕获 / 编辑过程对原始详细数据进行处理。在捕获 / 编辑过程中，原始详细数据要经过一个基本的编辑过程。在编辑过程中，可以对原始详细数据进行调整（甚至拒绝采用）。一般来说，进入企业信息系统的数据是最详细的数据。

在原始详细数据经过捕获 / 编辑过程后，会进入组织过程。组织过程可以是为数据编排索引那么简单，也可以是一个为原始详细数据精心设计的过滤 / 计算 / 合并过程。这时，原始详细数据就像系统设计者手中的面团，可以由系统设计者以多种方式塑型。

当原始详细数据通过组织过程后，这些数据就适合存储了。这些数据可以存储在标准的 DBMS 中，也可以存储在大数据（或其他形式的存储器）中。数据在存储后、适配分析前，一般要经历集成过程。集成过程的目的是对数据进行重组，使其适合与其他类型的数据结合。

这个时候，数据就进入了有用性周期。有用性周期将在后面详细讨论。在数据的使用周期结束之后，就可以将其存档或丢弃。

以上所描述的数据的生命周期是针对原始详细数据。汇总数据或聚合数据的生命周期略有不同。图 1.6.3 展示了汇总数据或聚合数据的生命周期。

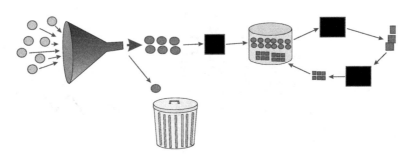

图 1.6.3　从原始数据到汇总数据

大多数汇总数据或聚合数据的生命周期与原始详细数据的生命周期在刚开始是相同的：原始数据被录入企业。但是，一旦原始数据成为基础设施的一部分，原始数据就会被访问、分类和计算。然后，计算结果被保存为信息基础设施的一部分，如图 1.6.3 所示。

一旦原始数据和汇总数据成为信息基础设施的一部分，这些数据就会受到"有用性曲线"的制约。有用性曲线指出，数据在基础设施中保留的时间越长，则其被用于分析的可能性就越小。

图 1.6.4 说明，从数据"年龄"的角度来看，数据越新，数据被访问的机会就越大。这一现象适用于企业信息基础设施中发现的大多数类型的数据。

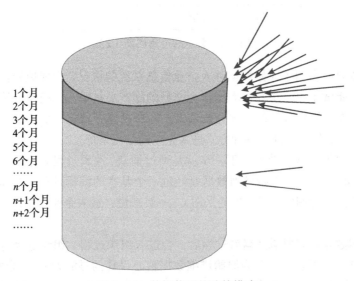

图 1.6.4　数据使用的独特模式

随着数据在企业信息基础设施中保存时间的增加，其被访问的概率就会下降。从实用角度出发，相对较旧的数据会进入"休眠"状态。

然而，对于结构化的在线数据来说，数据进入休眠状态的现象并不完全如此。还有某些类型的业务不会出现数据使用随时间递减的现象。其中一种就是寿险行业，精算师经常会查看 100 多年前的数据。而在某些科研和制造研究机构中，研究人员可能会对 50 年前取得的成果产生极大的兴趣。但很多机构没有精算师的岗位，也没有科研部门。因此对于那些比较普通的组织来说，其关注点几乎都是在最新数据上。

有用性递减现象可以用曲线来表示，如图 1.6.5 所示。

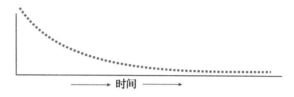

图 1.6.5　数据有用性的递减曲线

有用性递减曲线指出，随着时间的推移，数据的价值会降低，至少在访问概率方面如此。请注意，这个值从来没有真正达到零。但在一段时间后，价值几乎接近零。在某个时间点上，这个值会变得非常低，以至于就所有实际目的而言，它可能是零。

该曲线是一条急剧下降的曲线——经典的泊松分布。曲线的一个有趣的方面是，汇总数据和详细数据的曲线实际上是不同的。图 1.6.6 所示为详细数据和汇总数据在有用性曲线上的差异。

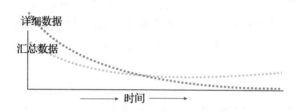

图 1.6.6　详细数据和汇总数据的有用性递减曲线

图 1.6.6 显示，详细数据的有用性递减曲线比汇总数据的有用性递减曲线要陡峭得多。此外，随着时间的推移，汇总数据的有用性曲线趋于平缓，但并没有接近零，而详细数据的有用性曲线确实接近零。而且在某些情况下，汇总数据的曲线随着时间的推移开始实际增长，尽管增长速度不快。

还有另一种方法来观察数据随时间变化的休眠性。考虑一下表示数据随时间积累的曲线，如图 1.6.7 所示。

图 1.6.7 显示，随着时间的推移，企业内积累的数据量在加速增长。这种现象在每个组织中都是如此。另一种考虑积累曲线的方法如图 1.6.8 所示。

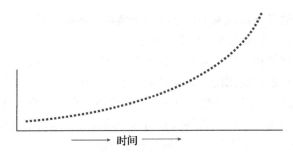

图 1.6.7 随时间推移而不断增加的数据量

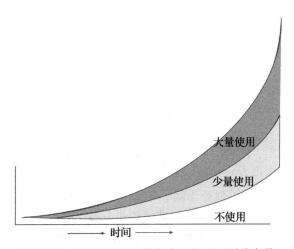

图 1.6.8 随时间变化的数据有用性的不同分布带

图 1.6.8 显示，随着时间的推移，企业数据会不断积累，数据的使用情况也呈现动态变化的不同分布带。图 1.6.8 中有一个数据带表明随着时间的推移，有些数据的使用量很大；还有一个数据带表明有些数据的使用量较少；而另一个数据带表明完全不使用的数据。

随着时间的推移，这些数据带会不断延伸。通常情况下，这些数据带与数据的"年龄"有关。数据的年龄越小，数据与企业当前业务的关联度越高。而且数据越年轻，对数据的访问和分析也就越多。

当随着时间的推移来观察数据时，还会发现另一个有趣的现象。这种现象是，经过很长一段时间之后，数据的完整性会"退化"。也许"退化"这个词并不恰当，因为其含有贬义。这里使用的"退化"一词没有贬义，相反，其只是意味着数据的意义随着时间的推移而自然衰减。图 1.6.9 显示了数据的完整性随时间的推移不断退化的情况。

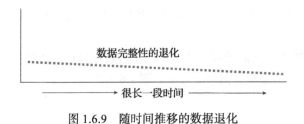

图 1.6.9 随时间推移的数据退化

为了理解完整性随时间推移而退化的现象，让我们看一些例子。考虑肉的价格，比如说随着时间的推移汉堡包价格的变化。1850 年，汉堡包的价格是 0.05 美分 / 磅。1950 年，汉堡包的价格是 0.95 美分 / 磅。而在 2015 年，汉堡包的价格是 2.75 美元 / 磅。这样对比汉堡包在不同时期的价格是否有意义？答案是有点道理。问题不在汉堡包价格的计量上，问题在于汉堡包的计量货币。即使是 1850 年的 1 美元，也和 2015 年的 1 美元含义不同。

现在，让我们再考虑另一个例子。1950 年，IBM 公司每股的股价是 35 美元，而 2015 年同样的股票的价格是 200 美元 / 股。股票价格随时间的比较是否有效？答案是有点效果。2015 年的 IBM 和 1950 年的 IBM 不一样，无论是从产品上，从客户和收入上，还是从美元的价值上，都不一样。从各方面来说，将 1950 年的 IBM 与 2015 年的 IBM 进行比较，都根本没有可比性。随着时间的推移，数据本身的定义已经发生了变化。所以，虽然 IBM 在 1950 年的股价与 2015 年的股价比较是一个很有意思的数字，但这完全是相对的数字，因为这个数字的含义已经发生了巨大的变化。

只要有足够的时间，价值和数据的定义都会发生变化。因此，数据定义的退化是一个无可争辩的事实。

1.7　数据简史

如果没有关于数据技术进展的叙述，关于数据架构的书就不完整。

最早的时候只有接线板，这些手动接线的电路板是早期计算机的"插件"，硬线连接方式决定了计算机如何处理数据。

1.7.1　纸带和打孔卡

但是接线板很笨拙，容易出错，只能处理少量的数据（数据量非常小！）。很快出现了另一种替代方法——纸带和打孔卡。纸带和打孔卡能够处理较大的数据量，而且可以处理的功能范围更大。但是，纸带和打孔卡也有问题。当程序员丢掉一副卡片时，要重新构建卡片的顺序是一件非常费力的事情。而一旦卡片被打孔后，要对卡片进行修改几乎是不可能的（虽然理论上是可以做到的）。另一个缺点是，这种介质可以保存的数据量相对较少。图 1.7.1 描绘了卡片和纸带这种介质。

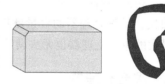

卡片/纸带

图 1.7.1　打孔卡和纸带

1.7.2　磁带

快速取代纸带和打孔卡的是磁带。磁带比纸带和打孔卡要好得多，磁带可以存储更大的数据量，而且磁带上可以存储的记录大小是可变的。（以前，打孔卡上存储的记录大小是固定的。）所以，磁带带来了一些重要的改进。

但磁带也有其局限性。一个限制是，磁带文件必须按顺序访问。这意味着分析师在寻找某条记录时，必须按顺序搜索整个文件。磁带文件的另一个限制是，随着时间的推移，磁带上的氧化物会被剥离。而一旦氧化层消失，磁带上的数据就无法检索了。尽管磁带文件有其局限性，但与打孔卡和纸带相比，磁带文件是一种进步。图 1.7.2 所示为磁带文件。

图 1.7.2　磁带

1.7.3 磁盘存储器

由于磁带文件的局限性，很快就出现了一种替代介质。这种替代介质被称为磁盘存储器（或直接访问存储器）。直接访问存储器的巨大优势是可以直接访问数据，不再需要为了访问一条记录而读取整个文件。有了磁盘存储器，可以直接访问某个数据单元。图 1.7.3 所示为磁盘存储器。

起初，磁盘存储器很贵，而且容量也不大。但硬件厂商很快就在磁盘存储器的速度、容量和成本上进行了改进，这种改进一直延续到今天。

1.7.4 数据库管理系统

随着磁盘存储器的出现，数据库管理系统（DBMS）也随之出现。数据库管理系统控制了磁盘存储器中数据的放置、访问、更新和删除。DBMS 将程序员从重复性的复杂工作中解脱出来。

随着 DBMS 的出现，处理器与数据库（和磁盘）被绑定在一起。图 1.7.4 显示了 DBMS 的出现以及数据库与计算机的紧密耦合。

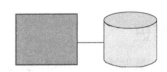

图 1.7.3 磁盘存储　　　　　图 1.7.4 单处理器架构

起初，简单的单处理器架构就足够了。在单处理器架构中，包含操作系统、数据库管理系统和应用程序。早期的计算机管理着所有这些组件，但不久之后，处理器的容量就捉襟见肘了。这时，对存储的容量考虑，从对存储技术的改进转向了对存储技术管理的改进。在这之前，数据的"大跃进"是通过改进存储介质来实现的。但在这之后，大的飞跃是在架构上，在处理器层面上。

很快，单核处理器的容量就耗尽了。消费者总能买到更大更快的处理器，但很快，即使是最大的单核处理器也无法满足消费者对容量的需求了。

1.7.5 耦合处理器

接下来的重大进展是多处理器被紧密耦合在一起，如图 1.7.5 所示。

通过将多个处理器耦合在一起，处理能力自动提高。由于不同处理器之间共享内存，使我们可以将多个处理器耦合在一起。

1.7.6 在线事务处理

随着处理能力的提高和 DBMS 的控制，现在有可能建立一种新的系统。这类新系统被称为在线实时系统。这类系统所做的处理被称为 OLTP（Online Transaction Processing），即在线事务处理。图 1.7.6 是一个在线实时系统。

有了在线实时处理系统，就可以用以前不可能的方式使用计算机了。可以以交互方式使用计算机，企业现在可以用以前不可能的方式参与到计算机的使用中来。突然间，有了航空公司预订系统、银行出纳系统、ATM 系统、库存管理系统、汽车预订系统等很多系统。一旦实时在线处理成为现实，计算机在商业上得到了前所未有的应用。

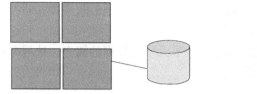 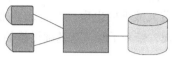

图 1.7.5 多路复用架构　　　　　图 1.7.6 在线实时架构

随着计算机使用量的爆炸性增长，数据量和数据类型也出现了爆炸性增长。伴随着大量数据的涌入，人们渴望拥有完整集成的数据。仅仅从一个应用程序中获得数据已不再足够，伴随着数据的泛滥，我们需要以连贯的方式来看待数据。

1.7.7 数据仓库

这样，数据仓库就诞生了，如图 1.7.7 所示。

随着数据仓库的出现，出现了所谓的真实数据的单一版本或记录系统。有了真实数据的单一版本，组织现在有了一个可放心使用的数据基础。

随着数据仓库的出现，数据量持续爆发。在数据仓库出现之前，没有一个方便的地方来存储历史数据。但有了数据仓库之后，历史数据第一次有了一个方便、自然的存储之处。

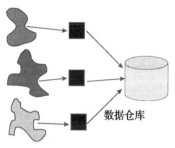

图 1.7.7 数据仓库架构

1.7.8 并行数据管理

随着海量数据的存储能力的提升，对数据管理产品和技术的需求激增，这很正常也很自然。很快，出现了一种被称为并行数据管理的架构方法。图 1.7.8 说明了数据管理的并行方式。

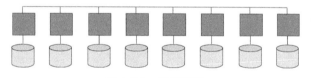

图 1.7.8 并行架构

采用并行数据管理方法，可以容纳大量的数据。可并行管理的数据数量远远超过了非并行技术所能达到的水平。采用并行方法，可以管理多少数据的限制因素是经济上的限制，而不是技术上的限制。

1.7.9 数据保险箱

随着数据仓库的发展，人们意识到数据仓库的设计要有灵活性，要提高数据的完整性。因此，数据保险箱（data vault）应运而生，如图 1.7.9 所示。

有了数据保险箱，数据仓库目前在设计和完整性上都达到了极致。

1.7.10 大数据

数据量还在继续增加，很快就有系统超过了此前最大的并行数据库的能力。一种被称

图 1.7.9 数据保险箱架构

为大数据的新技术出现了，它对数据管理软件的优化在于要管理的数据量，而不是以在线方式访问数据的能力。图 1.7.10 描述了大数据的到来。

伴随着大数据的出现，人们有了捕获和存储几乎无限量数据的能力。处理海量数据的能力的实现，带来了对全新基础设施的需求。

1.7.11　分水岭

随着人们认识到需要一种新基础设施，人们也认识到有两种截然不同的大数据类型。有重复性的大数据，也有非重复性的大数据。而重复性的大数据和非重复性的大数据需要有明显不同的基础设施。图 1.7.11 说明了重复性大数据与非重复性大数据的区别。

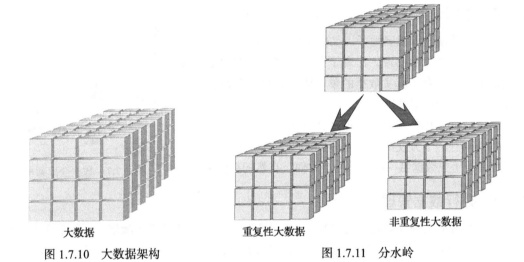

大数据

图 1.7.10　大数据架构

重复性大数据　　　非重复性大数据

图 1.7.11　分水岭

第 2 章

终端状态架构——"世界地图"

企业正在向一种数据架构演变，这种数据架构可以被称为"终端状态"数据架构或数据的"世界地图"。

2.1 架构组件

图 2.1.1 描绘了"终端状态"数据架构。

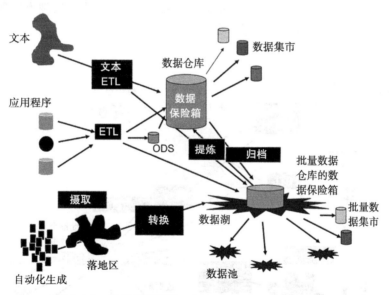

图 2.1.1 终端状态架构。Copyright Bill Inmon, 2018

终端状态数据架构的不同组成部分如下：

❑ 文本——属于公司的、值得纳入最终状态的文本。

❑ 文本 ETL——将文本转换为标准数据库格式的过程。

❑ 数据仓库——真实情况的企业单一版本所在的地方。

❑ 数据保险箱——数据仓库中可以进行严格的数据治理的部分。

❑ 数据集市——各个部门都有自己的定制分析数据的地方。

❑ 应用程序——运行日常交易的运营应用程序。

- ❏ ETL——应用数据转化为企业数据的过程。
- ❏ ODS——运营数据存储，可快速在线访问综合数据的混合结构。
- ❏ 归档设施——将旧的数据从活动分析中删除的过程。
- ❏ 提炼过程——处理大量数据并将其输入活动分析的过程。
- ❏ 批量数据仓库——存储单一版本的、访问概率较低的真实数据的数据仓库。
- ❏ 批量数据保险箱——存储访问概率较低的数据的数据保险箱，在这里可以进行严格的数据治理。
- ❏ 数据湖——存储大体量数据的地方。
- ❏ 批量数据集市——为管理大体量数据而建立的数据集市。
- ❏ 数据池——存储有选择的数据子集的地方。
- ❏ 数据的自动生成——大体量数据的生成机制。
- ❏ 落地区——系统首次接触到大量数据并可用于处理的地方。
- ❏ 数据湖转换——对大量数据进行编辑和处理的过程。

这些组件中的每一个都将在本书中定义和讨论，它们都有自己的属性以及独特的价值。

2.2　终端状态架构中不同类型的数据

理解终端架构的方法有很多，最简单的方法之一就是研究在不同地方发现的不同类型的数据。图 2.2.1 介绍了整个架构中的一些不同种类的数据。

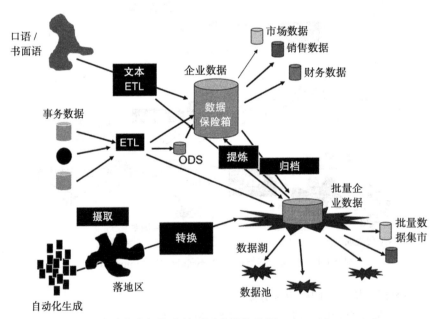

图 2.2.1　在整个终端状态架构中的不同种类的数据。Copyright Bill Inmon, 2018

文本可以是口语化的，也可以是书面的。文本可以通过语音转录的方式转化为文字。书面文本如果还没有以电子文本的形式存在，则可以通过光学字符识别（OCR）来捕捉和转换。文本通常是以电子文本的形式准备的。

事务数据是指在事务执行过程中所获取的副产品数据。事务的种类有很多，包括银行出纳事务、ATM 事务、机票预订、零售购物、信用卡活动、存货管理事务、支付明细账等。这些事务通常是由应用程序来运行的。通常情况下，应用程序是以"孤岛式"的方式开发和构建的。这意味着，当一个应用程序被构建时，它并没有考虑到必须与之交互的其他应用程序。企业最终形成了一整套应用程序的集合，每一个应用程序都是独立运作的，其结果是未整合的应用数据。

企业数据是指进入系统后的数据，企业数据在经过转换后成为集成的企业状态。转换将数据从面向应用的数据转移到数据仓库，在那里将数据整合成企业状态。作为企业集成的一个简单例子，假设应用 A 将性别表示为男 / 女，应用 B 将性别表示为 x/y，应用 C 将性别表示为 1/0，而企业的性别表示标准是 m/f，在这种情况下，应用程序的数据在从应用程序中移入数据仓库时应该进行转换。

数据集市包含的数据是为不同的群体定制的数据，这些数据将在分析时使用。通常情况下，市场部、销售部、财务部等都有数据集市。数据集市的数据来源是数据仓库。

数据湖中包含各种数据。数据湖中的一些数据是存档数据，其他数据则是单纯的批量数据。可以在数据湖中建立一个批量数据仓库。此外，批量数据仓库中还可以包含一个批量数据保险箱。批量数据仓库是批量数据的真实情况的单一版本。

数据池是指数据湖中为不同目的而设置的子集，包括档案数据池、诉讼支持数据池、通用数据池、制造数据池、模拟数据池等。

2.3　通过模型塑造数据

终端状态架构中的每一种不同类型的数据都是由不同类型的数据模型塑造出来的。在不同的环境中，有不同类型的数据模型适合于不同的环境。在整个架构中的很多地方都会有数据模型，这些数据模型在整个架构中可以作为构建应用、数据仓库、数据集市等的智能信息范式。图 2.3.1 显示了终端架构中不同类型的数据模型。

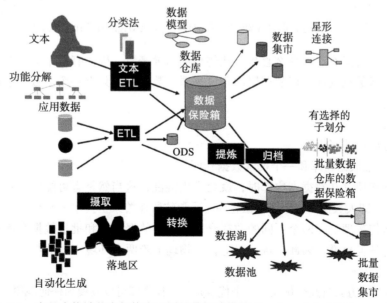

图 2.3.1　在整个终端状态架构中不同的数据建模技术。Copyright Bill Inmon, 2018

应用通常是由功能分解和数据流图来塑造的。文本中发现的数据是由分类图塑造的。数据仓库由企业数据模型塑造，通常由实体关系图（ERD）、数据项集（DIS）和物理模型组成。数据集市由维度模型塑造，由星形连接、事实表和维度组成。数据保险箱是由数据保险箱数据模型塑造的。通过对数据的选择性细分，形成了数据湖。

2.4　数据仓库在哪里

很快就会出现一个重要的问题：是否有两个数据仓库——标准数据仓库和批量数据仓库？图 2.4.1 概述了这个问题。

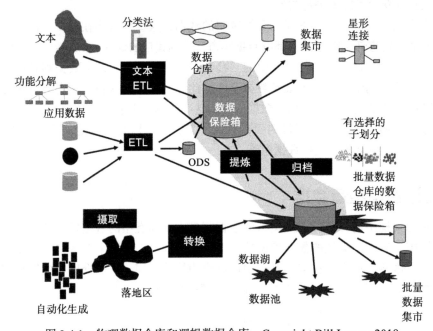

图 2.4.1　物理数据仓库和逻辑数据仓库。Copyright Bill Inmon, 2018

这个问题的答案有点不那么直接。从物理的角度来看，确实有两个数据仓库——标准数据仓库和批量数据仓库。但从逻辑的角度来看，数据仓库只有一个。数据仓库的物理可能性有以下几种：

❑ 一个标准数据仓库
❑ 一个批量数据仓库
❑ 一个标准数据仓库和一个批量数据仓库

当数据仓库建立在数据湖内部时，就会产生混乱，这当然是有可能的。数据湖驻留在物理上的技术（即大数据）与标准数据仓库（通常驻留在关系型技术上）不同。

然而，即使物理上有两个不同的数据仓库，标准数据仓库和批量数据仓库中的数据也绝对不应该有任何重叠。因此，从逻辑上讲，物理上跨两个环境实现的数据仓库是一个数据仓库。

这种"双工"方式有几个优点。一个优点是，数据仓库可以发展为任何规模。另一个优点是，数据仓库的基础设施成本最小化。这两个优点对大多数组织来说都是相当有吸引力的。

2.5 不同类型的问题在终端状态架构中得到不同的回答

然而，理解终端架构的另一种方法是考虑在终端架构的不同地方如何回答不同类型的问题。图 2.5.1 显示了这种可能性。

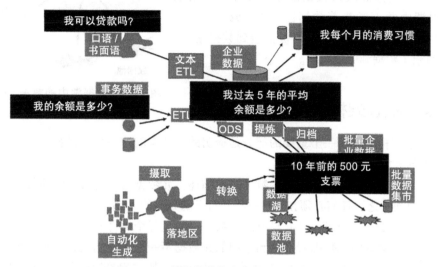

图 2.5.1 整个终端状态架构的不同信息

当有人问起"我可以贷款吗？"的时候，就会捕捉到原始文本并进行分析。问题本身就成为进入数据库的基础数据。

运营事务问题涉及数据的具体实例和值。当你说"我的账户余额是多少？"时，你想知道自己的账户里到底有多少钱。你想得到正确的答案，并且想很快就得到答案。

现在，假设你想知道过去 5 年的平均每月账户余额。这些数据不会出现在在线应用数据库中。相反，你需要寻找一段时间内的具体数据。找到这些数据的地方就是数据仓库。

假设你想考察所有客户的消费习惯，每月存入 1000 元以上的客户都有消费习惯。你需要查看所有这些数据，以满足一项特殊的研究。你可能会在数据集市中寻找这些数据。你在这里做的处理是属于分析性质的。

现在，假设你正在被国税局审计。你需要追溯到 10 年前，以证明一张支票是 10 年前开的。你会去数据湖中的批量数据仓库。

决定数据放置位置的因素包括以下几点：

❑ 数据的数量有多少？
❑ 数据的历史有多长？
❑ 数据的检索速度有多快？
❑ 数据是否可以更新？

不同地方的数据有不同的属性，而这些属性会影响到它们的使用。

2.6 数据湖中的数据

数据湖中可能存在不同类型的数据。将数据放在数据湖中有几个原因：

❑ 数据的获取概率大幅下降。

❑ 数据太多，以至于没有更好的地方放数据。

❑ 数据已经老化了。

❑ 数据的使用情况不值得放在其他地方。

相应地，数据被放入数据湖中。然而，数据被放在数据湖中并不意味着数据已经在（或不在）数据仓库中。数据仓库完全有可能被扩展到数据湖中。图 2.6.1 显示了数据湖中的数据。

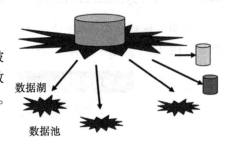

图 2.6.1   数据湖中的数据。Copyright Bill Inmon, 2018

2.7   终端状态架构中的元数据

终端状态架构中还有一个重要的部分是透明的。架构的这一部分是覆盖在终端架构的每个组件上的元数据基础设施。

元数据对位于终端状态架构中的数据进行描述。元数据对设计者、程序员和终端用户都很有用。总而言之，任何必须在架构中找到自己的方法的人都需要使用元数据。

值得注意的是，每个组件都有自己的元数据，而且每个组件和该组件的元数据都不一样。换句话说，文本的元数据看起来和应用的元数据不一样，应用的元数据和数据仓库的元数据也不一样，以此类推。图 2.7.1 显示了与终端状态架构相关的元数据基础设施。

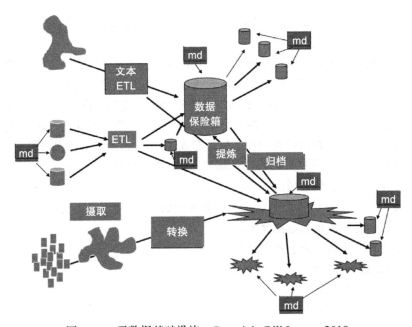

图 2.7.1   元数据基础设施。Copyright Bill Inmon, 2018

2.8   网络化元数据

元数据基础设施的另一个特点是网络化。在查看元数据集合时，可以轻松地穿越到另一个元数据集合。如果需要的话，分析师可以将元数据从一个元数据集合交换到另一个元数据集合。图 2.8.1 显示了跨架构的元数据联网能力。

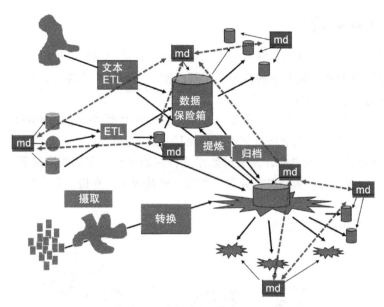

图 2.8.1 网络化的元数据。Copyright Bill Inmon, 2018

2.9 演变的经验

终端架构的另一个典型问题是：终端架构是如何构建的。一句话，实现终端架构是一个渐进的过程，没有人能够一下子把所有的终端架构都构建出来——这样的工作太过庞大，太过复杂，也太过昂贵。相反，终端架构是随着时间的推移而不断发展的。

有些组织试图构建一个方向，其他组织则试图构建另一个方向。有些组织构建了一部分的终端状态架构，而从不构建其他部分。架构的演变没有唯一"正确"的路径，从图 2.9.1 中可以看出，终端架构的构建有很多路径。

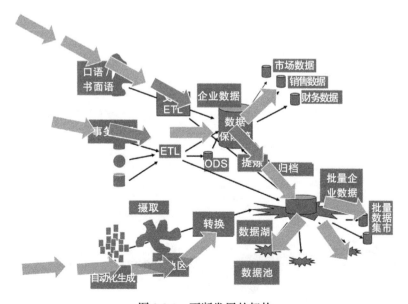

图 2.9.1 不断发展的架构

2.10 数据湖架构

围绕数据湖的架构组件值得深入讨论。在数据湖的前面设有一种机制，用于捕获和准备即将从外部数据源进入数据湖的数据。之所以需要一个复杂的接口，有几个原因。需要一个摄取接口的主要原因有以下几点：

❑ 数据到达的速度非常快，数据湖无法像数据产生时那样迅速摄取数据。

❑ 有这么多的数据，因此设置某种落脚点是合适的。

❑ 在数据到达数据湖之前，需要对数据进行原始编辑。在某些情况下，数据被丢弃；在其他情况下，对数据进行分类；在另一些情况下，在进入数据湖之前对数据进行翻新。

图 2.10.1 为数据湖基础设施。

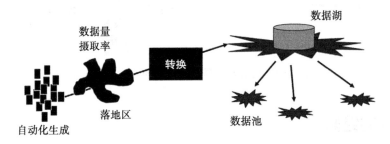

图 2.10.1 数据湖基础设施。Copyright Bill Inmon, 2018

第 3 章

终端状态架构中的转换

当你第一眼看到终端状态数据架构时，有几件事会让你眼前一亮，其中之一就是需要转换过程。有各种各样的转换，包括文本 ETL、ETL、通过使用维度数据建模技术创建的数据集市，以及对批量数据的提炼等。

3.1 冗余数据

显然，转换过程的一个副产品是冗余数据的产生（或扩散）。对终端状态架构进行简单的审视就会得出这样的结论：冗余数据在架构中随处可见。图 3.1.1 显示了终端状态数据架构中冗余数据的明显扩散。

图 3.1.1　数据的扩散

观察图 3.1.1 所示的简单例子，很难说在终端状态架构中不存在冗余数据。这个例子证明了数据是有冗余的，然而，它的意义远不止于此。在终端状态架构中发现的数据冗余值得更仔细地审视。

虽然在终端状态数据架构中确实存在数据冗余，但造成冗余的是一些非常有说服力的、非常强大的理由。

3.2 转换

为了理解冗余数据的作用，有必要了解终端状态数据架构中的数据转换过程。在终端状态数据架构中有几种主要的数据转换：

❑ 将文本转换为数据库格式——文本 ETL。

❑ 应用数据向企业数据的转换——ETL。

- ❑ 企业数据向定制化分析数据的转换——维度建模。
- ❑ 将企业数据转换为企业批量数据。
- ❑ 将自动生成的数据转换成数据湖。
- ❑ 将批量数据提炼为企业分析数据。

这些转换都是有道理的。

若从大的方面来看，冗余的产生和泛滥并不像最初看起来那么简单和直接。考虑图 3.2.1 所示的转换。

图 3.2.1 显示，应用数据被转换为企业数据。作为一个简单的例子，所有企业数据中的性别信息都被转换为 male 或 female。在应用状态下，Mary Smith 的性别数据刚好是 female，所以没有对 Mary 的记录进行转换。事实上，应用中 Mary Smith 的记录与企业中 Mary Smith 的记录是重复的。但应用中的其他数据需要进行转换。所以，如果只看一条记录的数据，可能会导致关于数据冗余问题的错误结论。

图 3.2.1 转换数据

3.3 定制数据

数据需要转换的原因有很多。将数据转化为企业数据只是众多原因中的一个，另一个原因是为了分析处理的目的而定制数据。如图 3.3.1 所示，对记录进行编辑和收集，以便进行定制分析。

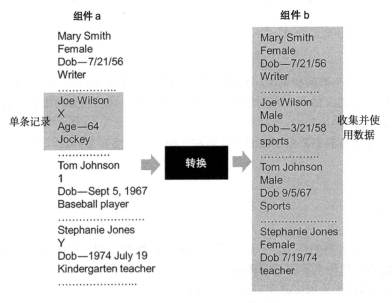

图 3.3.1 转换后的数据可以收集并使用

　　为了进行定制分析，需要对数据进行收集并使用。在此之前，需要对数据进行整合。

3.4　转换文本

　　最常见的转换之一是读取原始文本并将原始文本转换为标准数据库格式。由于需要确定文本的值和文本的语境，因此在数据库的创建过程中要做很多工作。创建的数据库既包含文本的值，也包含文本的语境。图3.4.1是将文本转化为数据库的格式。

"She ate her hot dog with mustard. She spilled some on her Dress. She was angry when the mustard left a stain…"

转换

Doc abc, byte 12, word—hot dog, context—food
Doc abc, byte 24, word—mustard, context—condiment
Doc abc, byte 37, word—spilled, context—accident
Doc abc, byte 54, word—dress, context—clothing

图 3.4.1　文本转换

　　一旦你看到图 3.4.1 中的转换，就会明白为什么转换是有价值的。我们通常不能有效地对原始文本进行分析处理，相反，必须读取原始文本，对文本进行分析，并将其转换为数据库的形式。之后，就可以对数据进行分析处理。只要文本仍然是文本的形式，就不能作为分析处理的一部分被有效使用。

3.5　转换应用数据

　　另一种常见的转换形式是将应用数据转化为企业数据。图 3.5.1 显示了这种转换。

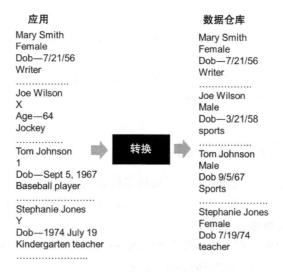

图 3.5.1　数据仓库的转换

在图 3.5.1 中，应用数据以原始状态出现，数据是未整合的。在一条记录中，男性表示为 1，女性表示为 Y；在另一条记录中，男性表示为 X，女性表示为 0；而其他的数据元素同样是未整合的。

试图从企业的角度来看待应用数据是非常困难的。当数据被放到企业的格式中时，就会发生数据的转换。数据被转换为一个通用的格式，并放入数据仓库中。现在，可以对数据仓库进行企业化的读取和分析。

3.6 将数据转换为定制状态

另一种类型的转换发生在需要对数据进行定制分析及处理时。图 3.6.1 显示了这种转换。

图 3.6.1 数据集市的转换

在这个转换中，要读取原始的、详细的数据。然后将这些数据进行汇总，放入数据集市中进行进一步的分析。

这种定制一般是针对营销、销售或财务等部门进行的，但是，也有其他组织偶尔需要做这样的转换。

通常情况下，对定制数据的分析是以建立和衡量关键绩效指标（KPI）的方式进行的。通常情况下，KPI 按月、周、季等周期计算。

3.7 将数据转换为批量存储

另一种形式的转换是将数据从一个活跃的组件移动到一个不太活跃的组件。移动是在给定数据单位的访问概率下降时进行的。典型的数据移动策略是基于这样的假设，即旧数据的访问频率低于当前数据。

然而，除了老化之外，在其他情况下数据的获取概率也会下降。从图 3.7.1 中可以看出数据从活跃的存储到不太活跃的存储的移动情况。

图 3.7.1　从活跃使用的存储到不太活跃使用的存储的转换

3.8　自动生成数据的转换

当自动生成的数据进入数据湖时，数据的另一个重要转换就发生了。如图 3.8.1 所示，数据是自动生成的（往往是由机器自动生成的）。

图 3.8.1　自动生成的数据

在图 3.8.1 中，数据的生成速度快、体量大。在自动生成的数据中会发生几件事：并非所有的数据都会被选入数据湖中，有些数据是随机选择的，另一些数据被选中是因为它们超出了预设的边界阈值，还有一些数据被选中是因为它们生成的时间。在选择自动生成的数据时，有许多不同的标准。

在选择好移动的数据后，一般会添加其他数据。典型的添加数据有生成日期和时间、数据的位置、生成数据的机器标识等。数据经过筛选和修改后被放入数据湖中。

3.9　转换批量数据

当数据从数据湖返回企业数据仓库时，会发生一个更有趣的转换。在这种情况下，批量数据被读取和过滤，过滤后的结果被发送到数据仓库，在那里可以对数据进行分析。此外，过滤后的数据可以与现有的活跃数据相结合。图 3.9.1 为批量数据的提炼。

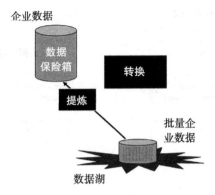

图 3.9.1   批量数据的提炼

3.10   转换和冗余

在整个终端状态架构中，非常有必要对数据进行转换。毋庸置疑，数据会出现一定程度的冗余。但是当数据在整个架构中移动时，我们有充足的理由来支持这种移动。图 3.10.1 显示了终端状态架构内部转换的一些主要原因。

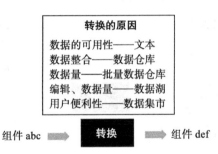

图 3.10.1   走向终端状态架构

第4章

大　数　据

4.1　大数据简史

有很多方法可以描述历史。在描述计算机科学历史的一部分时，一种方法是用技术来描述它，另一种方法是从组织的角度来描述它。

我们将从市场营销的角度来描述大数据的简要历史。

4.1.1　类比——占领制高点

我们用一个类比来描述大数据的历史以及这一切是如何演化的。将要使用的类比是占领制高点的军事策略。

图 4.1.1 显示，军事战术家早就知道，在任何军事冲突中占领制高点都是重要的。我们看到一支军队在山脊上放置了一门大炮，从而占据了指挥位置。

图 4.1.1　战场

在许多方面，掌控了数据库技术就相当于占领了制高点。无论哪家公司的数据库管理系统（DBMS）服务于数据量最大的公司，都是在战场上占有指挥优势的公司。在这种情况下，战场就是数据库市场，争夺的是市场份额。有多少客户注册了 DBMS 并正在使用该 DBMS，就是衡量其在战场上是否成功的标准。

还有一些 DBMS 并不以可以管理的数据量作为其独特的标准。这些 DBMS 有自己的战场和自己的战场成功标准。然而大数据的战场是一个以管理海量数据为标志的战场。

4.1.2 占领制高点

图 4.1.2 显示了推动大数据时代到来的事件。

> 1. 早期系统——一片混乱（1960 年以前）
> 2. IBM 360——IBM 数据库（1960～1970 年）
> 3. IBM 在线事务处理（1970～1990 年）
> 4. Teradata——MPP 并行处理（1990～2010 年）
> 5. Hadoop——大数据技术（2000～2005 年）
> 6. IBM/Hadoop 大数据集市（2005 年～现在）

图 4.1.2　大数据简史

在计算机行业诞生之初，计算机系统、应用软件、操作系统都有很多。由于厂商众多，从中选择技术是一项存在风险并且痛苦的工作。早期的系统存在许多问题，主要问题之一是没有标准化——语言没有标准化、操作系统没有标准化、应用程序没有标准化。由于所有东西都没有标准化，因此都必须在定制的基础上制作。此外，所有这些定制代码都必须在定制代码的基础上进行维护。总而言之，早期的时候一片混乱。

4.1.3 IBM 360 的标准化

随后，IBM 推出了 360 系列处理器。IBM 360 是第一个大规模成功的标准化尝试。有了 IBM 360，编写的代码可以升级到 360 系列产品中更大的处理器上，而代码几乎不需要改动。今天，我们认为软件和系统的可互换性是理所当然的。但曾经有一段时间，软件和系统的升级是一个令人头痛的问题。

在 IBM 360 问世后不久，IBM 就推出了信息管理系统——IMS。IMS 运行在 IBM 360 系列产品上。IMS 并不是第一个 DBMS，但 IMS 是第一个可以在标准化软件上运行的 DBMS。此外，IMS 还能够管理大量的数据。（注意：大量是一个完全相对的数字。IMS 早年能够处理的数据量与今天能够处理的数据量相比微不足道。但 IMS 所能处理的数据量在当时是相当大的。）

IBM 公司已经认识到并凭借 IMS 占据了大规模、标准化数据库管理的制高点。从军事角度看，IBM 享有制高点。

4.1.4 在线事务处理

很快人们就发现，除了数据库管理外，IMS 还可以做其他事情。IMS 不仅可以管理数据库，当 IMS 与数据通信（DC）监测器结合在一起时，还可以进行所谓的在线事务处理。此时，IBM 和 IMS 准备做一件引人注目的事情——从事在线事务处理。

在线事务处理的引人注目之处在于，有了在线事务处理，计算机可以深深地扎根于企业结构之中。虽然计算机能够用于增强许多业务流程，但是，随着在线事务处理的出现，计算机才真正可以被编入企业日常运作的结构中。计算机此前从未成为企业经营的重要组成部分，现在，计算机发挥了前所未有的重要作用。

通过在线事务处理，组织得以建立起航空、租车等预订系统。有了在线事务处理系统，出现了在线银行出纳系统和自动柜员机。总而言之，在线事务处理系统使企业能够完成以前不可能完成的事情。

在这一点上，IBM 牢牢把握住了企业处理的制高点。

4.1.5 Teradata 和 MPP 处理

一家名为 Teradata 的公司进入了这个行业。Teradata 公司的特色是一种叫作大规模并行处理（MPP）的数据库技术。利用 MPP 数据库技术，Teradata 可以处理的数据量明显超过 IBM。相对于 MPP 技术的架构，IBM 基于 IMS 的技术在处理大量数据时根本无法跟上。突然间，Teradata 抢占了制高点。

Teradata 在市场上的成功并不是一蹴而就的。当时 IBM 有很好的客户控制能力，在很长一段时间内都能抵挡 Teradata 的挑战。但 Teradata 坚持了下来，经过大量的市场推广、大量的销售工作以及大量的技术进步，Teradata 开始赢得客户。现在，Teradata 开始利用资本的优势占领了制高点。

4.1.6 Hadoop 和大数据

Hadoop 技术几乎是无意中进入了这个领域。为了处理比 Teradata 更多的数据，Hadoop 给出了解决方案。实际上，Teradata 对数据管理的限制是经济上的限制，而不是技术上的限制。但 Hadoop 所要解决的问题是优化数据库管理系统对数据量的管理，而不是管理每一个领域的数据的能力。从对环境内数据单位的管理到对数据量的管理，重点发生了变化。

Hadoop 是大数据的核心。有了 Hadoop 技术，大数据从梦想变成了现实。不过，Hadoop 只迎合了少数有专门需求的大型客户。尽管 Hadoop 及其相关厂商在市场上已经进入了比 Teradata 更高的领域，但他们还是满足于成为市场上的小众玩家。

4.1.7 IBM 和 Hadoop

在 Hadoop 被证明是一种可行的商品之后，IBM 认识到，通过与 Hadoop 合作，可以"捎带着"回到制高点。随着大数据的出现，IBM 又一次站在了大规模数据库管理系统的制高点上。

4.1.8 坚守制高点

坚守制高点的优势是不可估量的。所以，当厂商占据了制高点后，很多机会就会随之出现。厂商可以自由地利用硬件、软件、咨询等方面的机会。

4.2 何谓大数据

Gartner 集团对大数据的定义是：数据体量大（volume），数据变化快（velocity），数据来源多种多样（variety）。

虽然这个定义经常被引用和广泛使用，但它根本不是一个定义。在高速公路上行驶的半挂车所处理的货物符合这个定义，而远洋班轮的货物也符合这个定义。事实上，除了大数据之外，还有很多东西都符合这个定义。

4.2.1　另一种定义

Gartner 定义的问题在于，它描述了大数据的一些特征，但没有给出识别大数据的特征。

我们将在本书中使用的大数据定义如下：

大数据是指体量非常大的数据，是指存储在廉价存储设备上的数据，是指用"罗马人口普查方法"管理的数据，是指以非结构化形式存储和管理的数据。

那么，这些就是本书将用到的大数据的定义特征。每一个特征都值得做更多的阐释。

4.2.2　大体量

大多数组织已经拥有足够的数据量来运行日常业务。但有些组织的数据量非常大，有必要研究以下事项：

- ❏ 互联网上的所有数据
- ❏ 卫星发送回来的气象数据
- ❏ 世界上所有的电子邮件
- ❏ 由模拟计算机生成的制造数据
- ❏ 铁道车辆在轨道上穿行
- ❏ 更多的应用

对于这些组织来说，没有有效的、廉价的方法来存储和管理数据。即使数据可以存储在标准的 DBMS 中，存储成本也会高得离谱。所以对于一些组织来说，需要存储和管理非常多的数据。

在管理非常庞大的数据时，就会出现商业价值的问题。需要解决"能够查看海量数据有什么商业价值"这一根本问题。"构建它，它们就会出现"的老话并不适用于海量数据。在组织着手存储海量数据之前，需要充分了解数据的商业价值在于数据本身。

4.2.3　廉价存储

即使大数据能够存储和管理海量数据，如果使用的存储介质很昂贵，那么建立庞大的存储也是不现实的。换一种说法，如果大数据只在昂贵的高性能存储介质上存储数据，那么大数据的成本将非常高。为了成为一个实用的解决方案，大数据必须能够使用廉价的存储介质。

4.2.4　罗马人口普查方法

大数据架构的基石之一是被称为"罗马人口普查方法"的处理方法。通过使用这种方法，大数据架构可以适应几乎无限量数据的处理。

当人们第一次听到"罗马人口普查方法"时，显得很反常和陌生。大多数人的反应是"那到底什么是罗马人口普查方法呢？"然而，这种方法——从架构上来说——是大数据运作的核心。而且事实证明，很多人对罗马人口普查方法的熟悉程度远远超过了他们所意识到的。

大约 2000 年前，罗马人决定对罗马帝国的每个人征税。但为了向罗马帝国的公民征税，罗马人首先要进行一次人口普查。罗马人很快就发现，想让罗马帝国的每一个人都通过罗马城门游行来进行统计是不可能的。北非、西班牙、德国、希腊、波斯、以色列、英国等地都有罗马人。不仅有很多人在遥远的地方，想用船、车、驴把大家运到罗马城来，根本也是不可能的事。

于是，罗马人意识到，集中处理（即统计和进行普查）式的人口普查是行不通的。罗马人通过设立"人口普查员"来解决这个问题。人口普查员在罗马组织起来，然后被派往罗马帝国各地，在指定的日子进行人口普查。在进行完人口普查后，人口普查员就返回罗马，在那里集中统计普查结果。

在这样的方式下，正在做的工作被发送到数据，而不是试图将数据发送到一个中心位置，在一个地方做工作。通过分散处理过程，罗马人解决了对大量不同人口进行人口普查的问题。

很多人没有意识到自己对罗马人口普查方法非常熟悉。曾经有一个故事，讲的是两个人——玛利亚和约瑟夫，他们要到一个小城伯利恒去做罗马人的人口普查。在路上，玛利亚在马槽里生了一个小男孩，取名耶稣。牧羊人纷纷来看这个男婴。麦琪送来了礼物。因此，许多人都熟悉的宗教——基督教诞生了。罗马人口普查方法与基督教的诞生密切相关。

罗马人口普查方法说明，如果你有大量的数据需要处理，就不要集中处理。相反，你应该将处理发送到数据，实现分散处理。这样，你可以为处理提供有效的大量数据。

4.2.5 非结构化数据

与大数据相关的另一个问题是，大数据是结构化的还是非结构化的。在很多圈子里，有人说所有的大数据都是非结构化的；在另外一些圈子里，有人说大数据是结构化的。

那么，谁是正确的呢？我们将看到，答案完全在于你如何定义"结构化"和"非结构化"。

"结构化"是什么意思呢？结构化的一个广泛使用的定义是：凡是由标准 DBMS 管理的数据都是结构化的。图 4.2.1 显示了一些由标准数据库管理系统管理的数据。

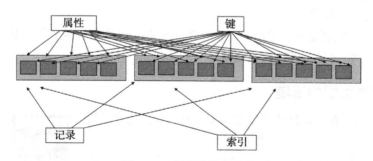

图 4.2.1 标准数据库结构

为了将数据加载到 DBMS 中，需要仔细定义系统的逻辑和物理特性。所有的数据——属性、键、索引等都需要在数据加载到系统之前进行定义。

结构化的含义是"能够在标准的 DBMS 下进行管理"，这个概念是对结构化含义的一种非常广泛的理解。这个含义已经存在了很长时间，被人们所广泛理解。

4.2.6 大数据中的数据

现在，考虑一下数据存储在大数据中的样子。标准 DBMS 中没有定义基础架构。各种各样的数据都被存储在大数据中，而且在存储时并没有关于数据结构是什么的概念。图 4.2.2 为大数据中存储的数据。

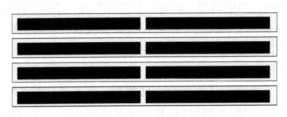

图 4.2.2　大数据

如果把结构化的定义理解为"由标准 DBMS 管理"，那么大数据中存储的数据肯定是非结构化的。然而，对于"结构化"一词的含义有不同的解释。考虑大数据由许多重复记录组成的情况（非常正常）。图 4.2.3 显示，大数据当然可以包含由许多重复记录组成的数据块。在很多情况下，大数据包含的正是这种信息，比如以下几种：

- ❑ 点击流数据
- ❑ 计量数据
- ❑ 电话记录数据
- ❑ 模拟数据
- ❑ 更多类型的重复记录

图 4.2.3　不同类型的数据

当有重复记录时，同样的数据结构会从一条记录重复到另一条记录。而且很多时候，同样的数据值也是重复的。

当在大数据中发现重复的记录时，没有像标准 DBMS 中那样的索引设施。但大数据中即使没有索引管理，仍然有指示性数据。

4.2.7 重复性数据的语境

图 4.2.4 显示，在大数据的重复记录中，有一些信息可以用来识别记录。有时候，这种信息被称为语境。

为了在记录中找到这些信息，必须对记录进行解析，以确定其价值。但事实上，信息就在那里，就在记录里面。

而当你看到大数据存储块里面所有的重复记录时，每条记录中都有相同类型的数据，格式完全相同。图 4.2.5 显示，这些

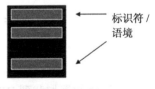

图 4.2.4　语境

重复的记录都有相同的识别信息，结构完全相同。

图 4.2.5 重复的记录具有相同的语境

从重复性和可预测性的角度来看，大数据里面确实有非常结构化的数据。所以在回答"大数据有结构吗"这个问题时，如果从结构的角度看这个问题，意味着结构化的 DBMS 基础设施，那么大数据不包含结构化的数据；但如果从包含可预测语境的重复性数据的角度来看，那么大数据可以说是结构化的。

可见，这个问题的答案既不是"是"也不是"否"，而是取决于对结构化和非结构化的定义。

4.2.8　非重复性数据

即使大数据可以包含结构化数据，大数据也同样可以包含所谓的"非重复性"数据。非重复性数据的记录是指结构和内容完全相互独立的记录。在存在非重复性数据的地方，如果有任何两条记录彼此相似，无论是内容还是结构，都完全是一种偶然。

一些非重复性数据的例子包括：

- ❑ 电子邮件
- ❑ 呼叫中心信息
- ❑ 保健记录
- ❑ 保险索赔信息
- ❑ 保修索赔信息

非重复性信息包含指示性信息。但是，在非重复性记录中发现的指示性信息是非常粗略的，并且根本没有模式。

4.2.9　非重复性数据的语境

图 4.2.6 显示，在大数据环境中发现的非重复性数据块，其形状、形态、结构都很不规则。

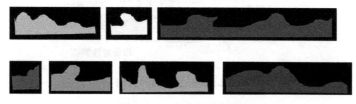

图 4.2.6　非重复性数据

在数据的非重复性记录中可以找到语境数据。但语境数据必须以完全定制的方式提取（图 4.2.7）。

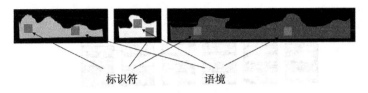

标识符　　　　　　语境

图 4.2.7　语境——在不同的地方以不同的方式找到

在非重复性数据中可以找到语境。然而，语境的发现方式与使用重复性数据或标准 DBMS 中的经典结构化数据不同。在后面的章节中，将讨论文本消歧。正是通过文本消歧，实现了非重复性数据的语境。

还有另一种方式来看待大数据中发现的重复性数据和非重复性数据。这种观点如图 4.2.8 所示。

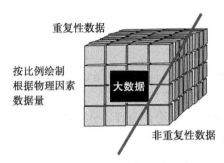

图 4.2.8　大数据中的重复性数据和非重复性数据

在图 4.2.8 中可以看到，在大数据中，绝大部分是典型的重复性数据。从数据体量的角度考察，非重复性数据只占大数据的一小部分。

然而，图 4.2.9 显示了一个非常不同的视角。从商业价值的角度来看，大数据中发现的绝大部分价值在于非重复性数据。

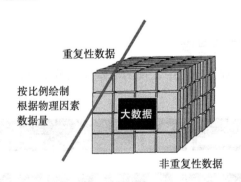

图 4.2.9　一个不同的视角

那么，数据量和数据的商业价值之间就会出现真正的不匹配。对于那些研究重复性数据并希望在其中找到大量商业价值的人来说，他们的未来很可能是失望的。但对于在非重复性数据中寻找商业价值的人来说，却有很多期待。

当你比较在重复性数据和非重复性数据中寻找商业价值时，有一句古老的谚语适用于这里。这句谚语就是"90% 的渔民在占鱼总数 10% 的地方捕鱼"。这句谚语的反义词是

"10% 的渔民在占鱼总数 90% 的地方捕鱼"。

4.3 并行处理

大数据的本质是处理非常大的数据体量的能力。图 4.3.1 象征性地描述了大量的数据。

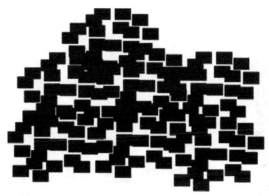

图 4.3.1 大量数据

大数据需要处理的数据太多，想要加载、访问和操作数据是一个真正的挑战。可以肯定地说，没有一台计算机能够处理大数据环境中的全部数据。

唯一可能的策略是使用多个处理器来处理大数据中的海量数据。为了理解为什么必须使用多处理器，来思考一个关于农民用马车把作物运到市场的（老）故事。农夫刚开始种植的时候，收成不多，所以他用驴子拉车。但是随着时间的流逝，农民种植了更多的庄稼。很快，他需要一辆更大的马车，而此时他需要一匹马来拉车。然后，有一天，放进马车里的东西变得太多了，农民需要的不仅仅是一匹马，而是一匹大的克莱德斯代尔马。

随着时间的流逝，农民更加富裕，庄稼也继续生长。有一天，即使是克莱德斯代尔马也不足以拉动马车，这时候需要多匹马来拉车。现在，农民有了一系列全新的问题：需要新的装备，还需要一个训练有素的车夫来协调拉车的马队。

在有大量数据的地方也会出现同样的现象。大数据中发现的大量数据需要多个处理器来加载和处理。

在前一章中，曾讨论过"罗马人口普查方法"。罗马人口普查方法是并行处理大量数据管理的方法之一。图 4.3.2 描述了罗马人口普查方法中的并行化。

图 4.3.2 显示，多个处理器连接在一起，以协调的方式运行。每个处理器控制和管理自己的数据，被管理的数据构成了被称为"大数据"的数据体量。

注意，网络的形状是不规则的，新节点是很容易加入网络中。还要注意的是，发生在一个节点中的处理完全独立于发生在另一个节点中的处理。图 4.3.3 显示了几个节点可以和其他节点同时处理。

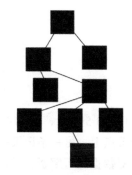

图 4.3.2 处理器连接在一起，提供并行处理

关于并行化的一个有趣的事情是，并行化并没有减少处理大数据所需的机器周期总数。实际上，由于需要跨不同节点协调处理，并行化实际上增加了所需的机器周期总数。相反，引入并行化后减少的是总运行时间。并行化越多，管理大数据中的数据所花费的时间就越少。

并行化有不同的形式，罗马人口普查方法并不是并行化的唯一形式，另一种典型的并行化形式如图 4.3.4 所示。

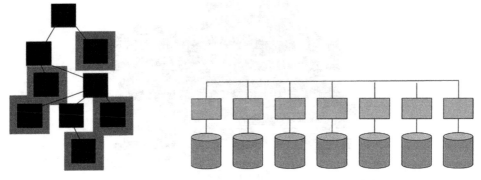

图 4.3.3　独立地并行执行的处理器　　　　　　图 4.3.4　MPP 架构

图 4.3.4 中的并行化形式是被称为"大规模并行处理"（MPP）的数据管理方式。在 MPP 形式的并行化中，每个处理器控制自己的数据（就像使用罗马人口普查方法一样）。但是在 MPP 方法中，跨节点的处理是紧密协调的。对节点的严格控制可以通过在加载数据之前，对数据进行解析和定义以适应 MPP 数据结构来完成。图 4.3.5 显示了数据的解析和与 MPP 架构的拟合。

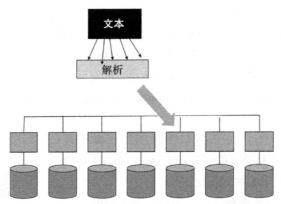

图 4.3.5　文本解析后被放置在适当的处理器中

图 4.3.5 显示，在 MPP 架构中，数据的解析大大影响了数据的放置。一条记录被放在一个节点上，另一条记录被放置在另一个节点上。

对数据进行解析，并以解析信息作为数据放置的依据，最大的好处是数据定位效率高。当分析师希望定位一个数据单位时，分析师会列出系统想要的数据值。系统使用当初将数据放入数据库的算法（通常是哈希算法），定位数据的效率非常高。

在罗马人口普查的并行化方法中，事件的顺序与 MPP 方法不同。在罗马人口普查方法中，通过向系统发送查询来搜索数据。系统对节点管理的数据进行搜索，然后进行解析。在解析后，系统就知道找到了正在寻找的数据。

图 4.3.6 显示了解析过程。为了找到某个数据实例，系统需要做相当多的工作。但是，考虑到有很多处理器，执行搜索所花费的时间可以被削减为合理的时间。如果没有并行进行，那么执行搜索的时间将是很长的。

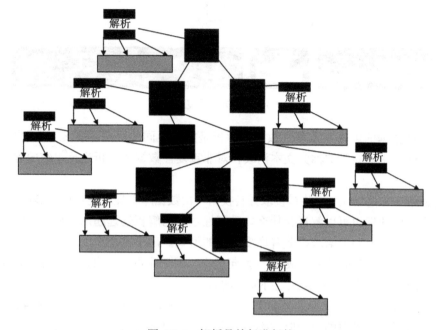

图 4.3.6　解析是并行进行的

不过也有一些好消息——解析重复性数据是一项相当简单的工作。图 4.3.7 显示了重复性数据的解析。

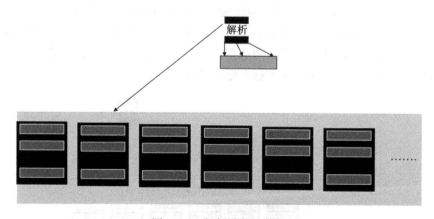

图 4.3.7　解析重复性数据

图 4.3.7 显示，在大数据中有重复性数据的情况下，解析算法相当简单。相对于在重复记录中发现的其他数据，语境信息非常少，有语境信息的地方很容易被发现。这意味着由解析器完成的工作相当简单。（注意，这里的"简单"完全是相对于解析器在别处要完成的

工作而言的。)

将重复性数据的解析与非重复性数据的解析联系起来。图 4.3.8 显示了对非重复性数据的解析。

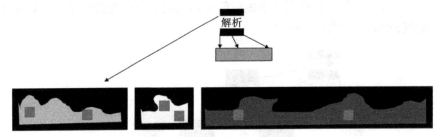

图 4.3.8   解析非重复性数据

非重复性数据的解析与重复性数据的解析是完全不同的事情。事实上，"非重复性数据的解析"这个术语经常被称为文本消歧，对非重复性数据的解析远比单纯的解析要复杂得多。

无论如何，非重复性数据将被读取并转换为可由数据库管理系统管理的形式。

有一个很好的理由可以解释为什么非重复性数据的解析远远超出解析算法的范围。原因是，非重复性数据中的语境隐藏着许多复杂的形式。出于这个原因，文本消歧通常是在大数据中的非重复性数据外部完成的。(换句话说，由于非重复性数据的内在复杂性，文本消歧是在管理大数据的数据库系统之外完成的。)

在大数据环境下，与并行处理相关的一个问题是查询的效率问题。从图 4.3.6 可以看出，当对大数据进行简单的查询时，必须对大数据中包含的整组数据进行解析。即使数据是并行管理的，这样的数据库全盘扫描仍会耗费很多机器资源。

另一种方法是对数据进行一次扫描，并创建一个单独的索引。这种方法只对重复性数据有效，对非重复性数据无效。一旦创建了重复性数据的索引，就可以比做全表扫描更有效率。一旦创建了索引，就不再需要在每次搜索大数据的时候进行全表扫描。

当然，索引必须被维护。每当有数据加入大数据集合的重复性数据中时，就需要对索引进行更新。此外，设计者还必须知道在建立索引的时候有哪些语境信息是可获得的。图 4.3.9 显示了在重复性数据的语境数据上建立索引。

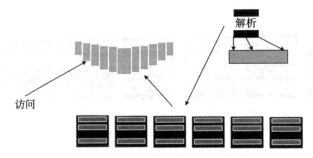

图 4.3.9   在重复性数据上建立索引

在重复性数据中创建单独索引的一个问题是，创建的索引是针对应用的，在建立索引之前，设计者必须知道要查找哪些数据。图 4.3.10 显示了在大数据中构建重复性数据的索引的应用特性。

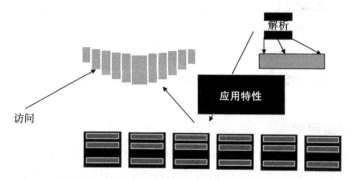

图 4.3.10　在重复性数据上建立索引的应用特性

4.4　非结构化数据

据估计，企业中 80% 以上的数据都是非结构化信息。非结构化信息有很多不同的形式，如视频、音频、图像。但迄今为止，对于非结构化数据来说，最有趣、最有用的是文本信息。

4.4.1　无处不在的文本信息

文本信息在公司里随处可见，合同、电子邮件、报告、备忘录、人力资源评估等都有文本信息。总之，文本信息是企业信息的重要组成部分，每个企业都是如此。

非结构化信息可以分为两大类——重复性非结构化数据和非重复性非结构化数据。图 4.4.1 显示了描述所有公司数据的类别。

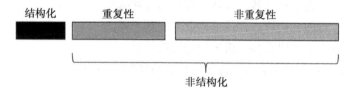

图 4.4.1　非结构化数据可以是重复性的，也可以是非重复性的

4.4.2　基于结构化数据的决策

由于种种原因，绝大多数企业的决策都是基于结构化数据做出的。这有几个原因，主要原因是结构化信息容易实现自动化。显然，结构化数据通常适合标准数据库技术。一旦采用了数据库技术，就很容易在企业内部进行数据分析，比如读取和分析 10 万条结构化信息的记录。有很多分析工具可以处理标准数据库记录的分析。

图 4.4.2 显示，大多数企业决策都是基于结构化数据做出的。尽管如此，但在公司的非结构化信息中仍有大量未开发的潜力。那么，现在面临的挑战就是如何开发这种潜力。

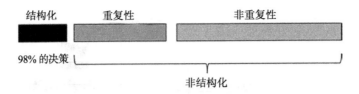

图 4.4.2   在大多数组织中，绝大多数的决策都是在结构化数据的基础上做出的

4.4.3   商业价值建议

图 4.4.3 显示，不同类型的非结构化数据有不同的商业价值建议。重复性非结构化数据具有商业价值，但是，这种商业价值很难发现和开发。而且在很多情况下，重复性非结构化数据中根本没有任何商业价值。

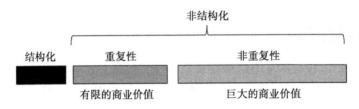

图 4.4.3   商业价值的不同取决于数据是重复性还是非重复性的

然而，正是在非重复性非结构化数据中，存在着巨大的商业价值。在很多情况下，非重复性非结构化数据的商业价值非常高，一些比较明显的案例包括：

- ❏ 电子邮件，客户可在其中表达自己的意见。
- ❏ 呼叫中心信息，客户可以直接与公司联系。
- ❏ 企业合同，企业义务被披露。
- ❏ 担保索赔，制造商可以找出制造过程的弱点在哪里。
- ❏ 保险理赔，保险公司可以评估哪些业务有利可图。
- ❏ 营销分析企业，可以直接分析客户的反馈信息。

这些案例只是寻找和使用非重复性非结构化信息的冰山一角。

4.4.4   重复性和非重复性非结构化信息

图 4.4.4 显示了重复性和非重复性非结构化环境之间的内在差异。正如我们在关于"分水岭"的主题中所讨论的那样，重复性环境和非重复性环境之间存在许多差异。但是，这两种环境之间最深刻、最相关的差异可能是分析处理的便利性。

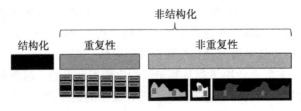

图 4.4.4   重复性和非重复性数据的表示

图 4.4.5 表明，处理重复的非结构化数据时，分析处理非常容易。但是当涉及对非重复性非结构化数据进行分析时，分析就变得笨拙而困难。

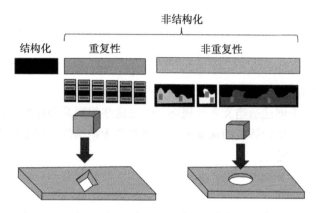

图 4.4.5　对非重复性数据的分析就像把方钉装在圆孔里

4.4.5　易于分析

从图 4.4.5 可以看出，在重复性非结构化环境中进行分析就像在方孔中放置方钉一样简单，而在非重复性非结构化环境中进行分析就像在圆孔中放置方钉一样困难。

造成重复性和非重复性非结构化数据之间这种主要差异的原因有很多。重复性非结构化数据易于分析，原因如下：

❑ 记录的形状是一致的。

❑ 记录通常小而精。

❑ 这些记录很容易解析，因为记录中的语境信息很容易找到。

对于非重复性非结构化记录，情况正好相反。非重复性非结构化记录的特点如下：

❑ 形状非常不均匀。

❑ 有时小，有时大，有时很大。

❑ 这些记录很难解析，因为它们是由文本组成的，而文本需要一种与简单解析完全不同的方法。

这两种类型的数据之间可能还有更多的差异。但是，仅凭以上这些差异就足以承认非结构化数据类型之间的“分水岭”。

那么，使用文本有什么困难呢？图 4.4.6 显示了一些典型的文本。

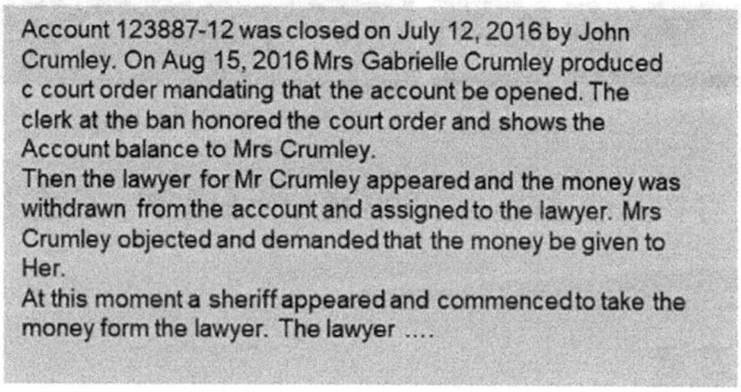

Account 123887-12 was closed on July 12, 2016 by John Crumley. On Aug 15, 2016 Mrs Gabrielle Crumley produced c court order mandating that the account be opened. The clerk at the ban honored the court order and shows the Account balance to Mrs Crumley.
Then the lawyer for Mr Crumley appeared and the money was withdrawn from the account and assigned to the lawyer. Mrs Crumley objected and demanded that the money be given to Her.
At this moment a sheriff appeared and commenced to take the money form the lawyer. The lawyer ....

图 4.4.6　一些典型的文本

文字之所以难以处理，原因很多。首先，关于文本是否真的是非结构化的讨论一直未停歇。英语老师可能会说，文本根本不是无结构的。所有文本的结构都是有规则的，其中一些规则包括：

- ❑ 拼写
- ❑ 标点符号
- ❑ 语法
- ❑ 正确的句子结构

不能说不存在关于创建适当文本的规则，但是这些规则是如此的复杂以至于对计算机来说不是显而易见的。从计算机的角度来看，文本是无结构的，只是因为计算机不能理解正确的文本结构的所有规则。

4.4.6　语境化

如果要把文本变成对计算机有用的形式，必须对文本的许多部分进行管理。显然，文本中最重要也是最复杂的环节是寻找和确定文本的语境。换句话说，如果不理解文本的语境，就无法利用文本进行任何形式的有用决策。

文本语境化是那些希望在决策过程中使用非重复性非结构化文本的分析师所面临的最大挑战。图 4.4.7 给出了理解语境重要性的示例。

图 4.4.7　如果没有理解语境，文本就没有意义

两个绅士站在角落里，当一个年轻女士经过时，一个绅士对另一个说："She's hot！"请问，他说的是什么意思？

一种解释是，这位绅士觉得这位小姐很有魅力，他想和她约会。另一种解释是，这是得克萨斯州的休斯顿七月的一天，温度为 98 华氏度，湿度为 100%。那位女士大汗淋漓，她很热。还有一种解释是，两位绅士在医院里，他们是医生。一个医生刚刚给女士量了体温，她的体温是 104 华氏度，她发烧了。

这就是这句话的三个非常不同的意思——"She's hot！"在不理解语境的情况下使用和解释这些词可能会导致尴尬。

寻找和理解语境的需要并不局限于"She's hot"这几个词。寻找和理解语境对所有单词来说都是必要的。那么，希望理解非重复性非结构化数据的分析师面临的最大挑战就是理解如何将文本语境化。从图 4.4.8 可以看出，在非重复性非结构化数据中寻找语境是一个很大的挑战。

图 4.4.8　寻找语境

值得注意的是，还存在其他挑战。尽管语境分析很重要，但它并不是进行分析时的唯一挑战。

4.4.7　一些语境化方法

在非重复性非结构化数据中寻找语境是一个挑战，这个概念并不是一个新的想法。事实上，长期以来，人们一直在尝试将文本置于语境中。最早尝试将文本语境化的是一种叫作"NLP"的技术。NLP代表自然语言处理（有时也代表"自然语言编程"）。

NLP已经存在了很长时间，并取得了不小的成功。但NLP有几个固有的局限性。第一个局限性是NLP做出了一个假设，即文本的语境可以从文本本身中获得。问题是，只有少量的语境来自文本本身。在两个绅士站在一起说"She's hot"的情况下，绝大多数语境来自外部来源，而不是文本来源。这位女士年轻迷人吗？是夏天的得克萨斯州的休斯顿吗？对话发生在医院里吗？所有这些提供语境的环境都在说话的言语之外。

NLP的第二个局限性是不考虑重音。假设说了这样一句话——"我爱你"，这些单词该如何解释呢？

如果说"我爱你"时强调的是"我"，意思是爱你的是我而不是别人。如果强调的是"爱"，意思就是我感受到的强烈的情感———一种爱。我不是喜欢你，而是爱你。如果强调的是"你"，意思就是我爱的是你而不是别人。因此，同样的单词可能会有非常不同的意思，这取决于它们的发音方式。

但NLP之所以难以显示出具体的成果，还有一个特别的原因。原因在于，为了有效实现NLP，必须理解文字背后的逻辑。问题在于，英语是在许多年和许多环境中演变而来的，演变到最后，英语背后的逻辑是非常复杂的。想要摸清英语的逻辑是非常困难的，它是冗长且令人费解的。

由于这些原因（可能还有更多原因），NLP并不是很成功。一种更实用的方法是文本消歧。图4.4.9给出了两种文本语境化的方法。在后面的章节中，将会有更多关于文本消歧的内容。

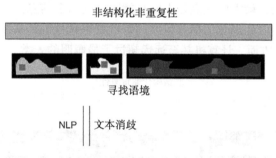

图 4.4.9　NLP 在查找和管理文本语境方面做得不好

4.4.8　Map Reduce

另一种在大数据中出现的语境化方法是 MapReduce 的技术，如图 4.4.10 所示。

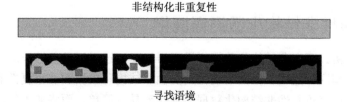

图 4.4.10　Map Reduce 可用于处理文本

MapReduce 是一种技术人员使用的语言，可以在大数据中做各种有用的事情。然而，必须编写和维护的代码行数以及语境化非重复性非结构化数据的复杂性限制了 MapReduce 在语境化非重复性非结构化数据方面的作用。

4.4.9 手工分析

还有另一种历史悠久的分析非重复性非结构化数据的方法——手工操作。从图 4.4.11 可以看出，对于非重复性非结构化数据，可以手动进行分析。

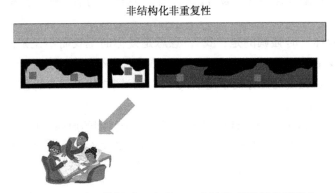

图 4.4.11   手工分析对于小型、一次性的项目很有吸引力

手工进行分析的最大好处是不需要基础设施，唯一需要的是一个能够阅读和分析信息的人。因此，分析师可以马上开始分析非重复性非结构化信息。

手工做这样的分析，最大的缺点是人脑只能吸收这么多信息。计算机所能吸收和消化的信息量与人类所能吸收和消化的信息量之间是没有可比性的。从图 4.4.12 可以看出，在读取和存储数据库信息方面，计算机甚至远远超过了最聪明的人类。

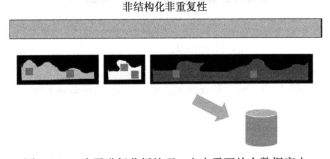

图 4.4.12   为了进行分析处理，文本需要放在数据库中

4.5 将重复性非结构化数据语境化

为了用于分析，所有非结构化数据都需要语境化。这对于重复性非结构化数据和非重复性非结构化数据同样适用。但是语境化重复性非结构化数据和非重复性非结构化数据之间有很大的区别：将重复性非结构化数据语境化容易且简单，而将非重复性非结构化数据语境化却不容易。

4.5.1　解析重复性非结构化数据

对于重复性非结构化数据，通常在 Hadoop 中读取数据。读取数据块后，再对数据进行解析。鉴于数据的重复性，数据的解析很简单。记录很小，记录的语境很容易找到。

对大数据中的数据进行解析和语境化的过程可以通过商业工具完成，也可以通过定制的程序完成。解析完成后，输出可以采用任何一种格式，比如以选定记录的形式放置。如果选择条件满足，数据（某一时刻的记录）将被收集。

当只选择了语境而不是整个记录时，记录选择过程就会发生变化。然而，当选择后的记录与另一个记录在输出中合并时，会发生另一个变化。除此以外，无疑还有很多其他的变化。图 4.5.1 显示了已经讨论过的各种可能性。

4.5.2　重铸输出数据

一旦完成解析和选择过程，下一步就是对数据进行物理重铸。决定输出数据如何进行物理重铸的因素有很多，其中一个因素是有多少输出数据，另一个因素是数据的用途。毫无疑问，还有许多其他因素。

对输出数据进行重铸的一些可能性包括将输出数据放回大数据中，另一种可能性是将输出数据放入一个索引中。然而，还有一种可能性是将输出数据发送到一个标准的数据库管理系统。

图 4.5.2 显示了输出重铸的可能性。归根结底，尽管重复性非结构化数据必须要进行语境化，但重复性非结构化数据的语境化过程是一个简单的过程。

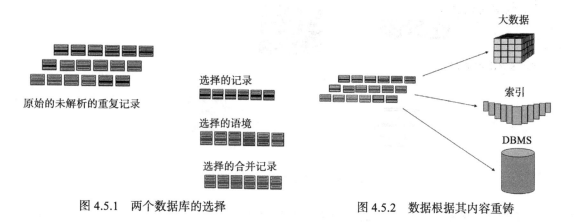

原始的未解析的重复记录

选择的记录

选择的语境

选择的合并记录

大数据

索引

DBMS

图 4.5.1　两个数据库的选择　　　　　　图 4.5.2　数据根据其内容重铸

4.6　文本消歧

将非重复性非结构化数据语境化的过程由所谓的"文本消歧"（或"文本 ETL"）技术完成。在结构化处理中，文本消歧过程有一个类似的过程，称为 ETL——提取 / 转换 / 加载。ETL 和文本 ETL 的区别在于，ETL 转换旧的遗留系统数据，而文本 ETL 转换文本。在一个非常高的层次上，它们是相似的，但是在处理的实际细节上，它们是非常不同的。

4.6.1 从叙述性数据库到分析性数据库

文本消歧的目的是阅读原始文本——叙述——并将该文本转换为分析数据库。图 4.6.1 显示了文本消歧中数据的一般流程。

图 4.6.1　将文本转换为一个标准数据库

一旦原始文本被转换，它就会以标准化的形式到达分析数据库中。这个分析数据库看起来像任何其他分析数据库一样。通常情况下，分析数据都是"标准化"的，其中存在一个具有依赖数据元素的唯一键。分析数据库可以与其他分析数据库连接，达到能够在同一查询中分析结构化数据和非结构化数据的效果。

分析数据库中的每个元素都可以直接回溯到原始的源文件。如果对文本消歧处理的准确性有任何疑问，就需要这一特性。此外，如果对在分析数据库中发现的数据的语境有任何疑问，都可以轻松快速地加以验证。图 4.6.2 显示了分析数据库中的每一个数据元素都可以回溯到源头。

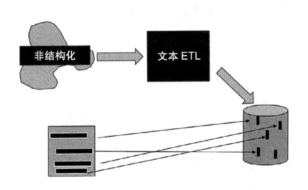

图 4.6.2　将文本回溯到数据库

需要注意的是，对原始的源文件不能做任何改动。

4.6.2 文本消歧的输入

文本消歧的输入来自很多不同的地方。最常见的输入来源是要消除歧义的文件的电子文本，另一个重要的数据来源是分类法。分类法对消除歧义的过程至关重要，后面将会用整整一章来介绍分类法。根据被消除歧义的文档，还有许多其他类型的参数。图 4.6.3 显示了文本消歧过程中的一些典型输入。

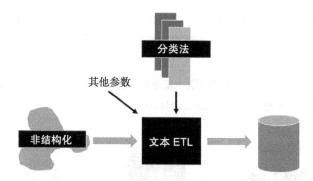

图 4.6.3   原始文本、分类法和其他参数被输入文本 ETL 中

4.6.3   映射

为了执行文本消歧，有必要将文档"映射"到文本消歧内部可以指定的适当参数。映射指导着解释文档的过程，进而完成文本消歧。映射过程类似于设计系统如何运行的过程，每个文档都有自己的映射过程。

指定映射参数后，就可以执行文档了。相同类型的所有文档都可以由相同的映射提供服务。例如，可能是石油和天然气合同的映射、人力资源简历管理的映射和呼叫中心分析的映射。映射过程如图 4.6.4 所示。

几乎在所有情况下，映射过程都是以迭代的方式进行的。创建文档的第一个映射，然后一些文档被处理，分析师看到结果。之后分析师决定进行一些更改，并通过使用新的映射规范文本消歧来重新运行文档。逐步细化映射的过程将继续，直到分析师满意为止。

之所以使用创建映射的迭代方法，是因为文档非常复杂，而且文档中有许多不明显的细微差别。即使对于有经验的分析师，创建映射也是一个迭代的过程。

由于迭代的性质，创建映射然后使用初始映射处理数千个文档从来都没有意义。这样的做法是一种浪费，因为几乎可以保证初始映射需要进行改进。图 4.6.5 显示了映射过程的迭代性质。

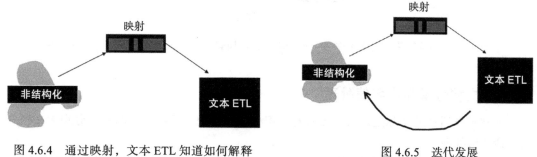

图 4.6.4   通过映射，文本 ETL 知道如何解释   图 4.6.5   迭代发展
　　　　　　输入给它的原始文本

4.6.4   输入 / 输出

文本消歧过程的输入是电子文本，电子文本有很多种形式。事实上，电子文本几乎可以来自任何地方，可以是适当的语言、俚语、速记、注释、数据库条目和许多其他形式。

文本消歧需要能够处理所有形式的电子文本。此外，电子文本可以使用不同的语言。

文本消歧可以在非电子文本经过自动捕获机制（如光学字符识别（OCR）处理）后完成处理。

文本消歧的输出可以采取多种形式。文本消歧的输出是以"平面文件格式"创建的，因此，输出可以发送到任何标准 DBMS 或 Hadoop。图 4.6.6 显示了通过文本消歧可以创建的输出类型。

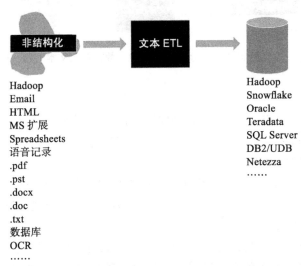

图 4.6.6　通过文本 ETL 传递的输入和输出

文本消歧的输出被放置到工作表区域中，可以使用 DBMS 的加载程序将数据加载到标准 DBMS 中。

图 4.6.7 显示，数据从文本消歧创建和管理的工作区被加载到 DBMS 加载程序中。

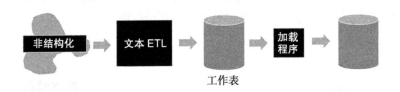

图 4.6.7　一旦创建了输出工作表，数据就会通过加载工具加载到最终的数据库格式中

4.6.5　文档分解和命名值处理

文本消歧所做的实际处理有很多特点，但处理文件的主要路径有两种，分别为文档分解和命名值处理。

文档分解是指对文档进行逐字处理的过程，如停用词处理、替代拼写、缩略词消解、同形异义词消解等。文档分解的影响是，在处理过程中，文档仍然具有可识别的形状，尽管是经过修改的形式。就所有实际目的而言，该文档似乎已被打碎。

第二种处理文档的方式是命名值处理，发生在需要进行内嵌语境处理的时候。内嵌语境处理是在文本重复的情况下进行的，有时会出现这种情况。当文本重复时，可以通过寻找唯一的开头定界符和结尾定界符来进行处理。

文本消歧还可以进行其他类型的处理，但文档分解和命名值处理是两种主要的分析处理方式。图 4.6.8 描述了文本消歧中出现的两种主要处理形式。

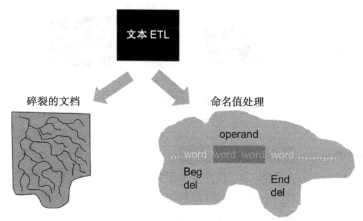

图 4.6.8   文本 ETL 的两种主要处理形式

4.6.6　文档预处理

有时，有必要对文档进行预处理。有时，无法通过文本消歧对文档的文本进行标准方式的处理。在这种情况下，有必要将文本通过一个预处理程序。在预处理程序中，可以对文本进行编辑，改变文本的内容，使其可以通过文本消歧进行正常的处理。

一般情况下，除非绝对需要，否则不要对文本进行预处理。这是因为通过预处理文本，会自动将处理文本所需的机器周期增加一倍（甚至更多！）。图 4.6.9 显示，必要时可对电子文本进行预处理。

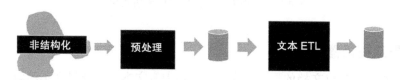

图 4.6.9   预处理文本

4.6.7　电子邮件

电子邮件是非重复性非结构化数据的一个特例。电子邮件之所以特殊，是因为几乎每个人都有，而且有这么多的电子邮件。电子邮件之所以特别的另一个原因是，电子邮件带来了大量的系统开销，而这些开销对系统是有用的，对其他人是无用的。此外，电子邮件还提供了很多关于客户态度和活动的有价值的信息。

可以简单地将电子邮件进行文本消歧处理。但由于电子邮件中充斥着垃圾邮件和废话，这样的做法是徒劳的。垃圾邮件是指在企业外部产生的非业务相关信息。废话是内部产生的与业务无关的通信，例如在企业内发送的笑话。

为了有效地使用文本消歧，需要过滤垃圾邮件、废话和系统信息。否则，系统会被无意义的信息淹没。

从图 4.6.10 可以看出，在对电子邮件进行文本消歧处理之前，过滤器将不必要的信息从电子邮件流中删除。

电子
邮件
过滤器
文本 ETL

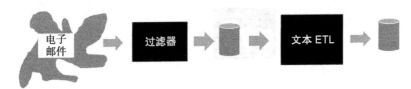

图 4.6.10　过滤电子邮件

4.6.8　电子表格

另一种特殊情况是电子表格。电子表格是无处不在的。有时候，电子表格上的信息是纯数字的。但在其他情况下，电子表格中有基于字符的信息。通常情况下，文本消歧不会处理电子表格中的数字信息，这是因为没有元数据来准确描述电子表格上的数值。（注意：电子表格上的数字涉及公式信息，但电子表格公式作为描述数字含义的元数据几乎毫无价值。）出于这个原因，电子表格中唯一能进入文本 ETL 的数据是基于字符的描述性数据。

为此，有一个接口可以将电子表格上有用的数据格式化为工作数据库，然后再将数据送入文本消歧，如图 4.6.11 所示。

电子表格
重新格式化
文本 ETL

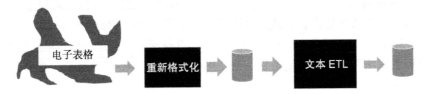

图 4.6.11　将电子表格数据重新格式化

4.6.9　报告反编译器

大多数文本信息都以文档的形式存在。当文档中有文本时，通过文本消歧对其进行线性处理，如图 4.6.12 所示。

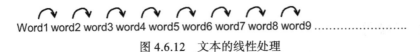

Word1 word2 word3 word4 word5 word6 word7 word8 word9 ....

图 4.6.12　文本的线性处理

但是文档中的文本并不是非重复性非结构化数据的唯一形式。非重复性非结构化数据的另一种常见形式是表格。表格随处可见，如银行对账单、研究论文、公司发票等。

在某些情况下，有必要将表作为输入读入，就像在文档中读入文本一样。为此，需要一种专门的文本消歧形式。这种形式的文本消歧称为报告分解。

在报告分解中，报告内容与文本内容的处理方式截然不同。这是因为在报告中，不能以线性格式处理信息。

图 4.6.13 显示，报告中不同的内容必须以标准化的格式汇集在一起。问题是，这些要

素是以一种明显的非线性格式出现的。因此，需要一种完全不同形式的文本消歧。

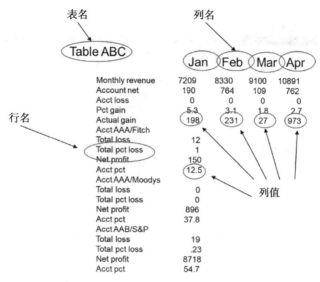

图 4.6.13 一种完全不同的文本消歧形式

图 4.6.14 显示，可以将报告发送到电子表格报告反编译器，将其还原为规范化格式。报告反编译器的最终结果与文本消歧的最终结果完全相同。但是达到最终结果的过程和逻辑在内容和实质上是非常不同的。

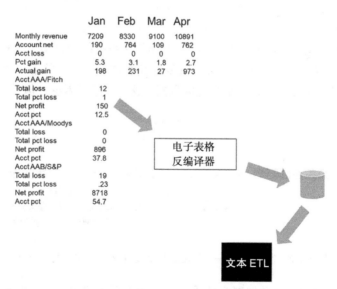

图 4.6.14 报告反编译器

4.7 分类法

分类法是对信息的分类。分类法在叙事信息的歧义消除中发挥着巨大而重要的作用。图 4.7.1 显示，分类法对于非结构化数据的意义就像数据模型对于结构化数据的意义一样。

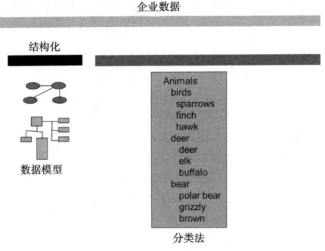

图 4.7.1   分类法——解锁非结构化数据的关键

4.7.1   数据模型和分类法

经典的数据模型在结构化环境中扮演了地图的角色，像"知识指南"一样帮助我们理解和管理数据。分类法在非结构化的文本环境中发挥着同样的作用。虽然彼此并不完全等同，但分类法与数据模型的作用基本相同。

在非结构化数据的世界里，有一个异常现象必须得到解释。本书所制定的信息分类中同样存在异常现象。不幸的是，这种异常现象对于理解分类法的作用和功能非常重要。

考虑图 4.7.2 所示非结构化数据的分类。非结构化数据的子分类是重复性和非重复性非结构化数据。在非重复性数据下面，又有重复性和非重复性数据的下一级分类。使用这种分类方案，存在既是重复性又是非重复性的数据。这让人感到困惑，但并不是错误。

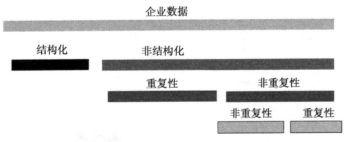

图 4.7.2   制造混乱——存在既是重复性又是非重复性的数据

为了解释这种异常现象并解释它的重要性，考虑下面的实例。一般来说，非结构化数据可以被认为是重复性的和非重复性的。重复性非结构化数据是内容和结构高度重复的非结构化数据，如点击流数据、模拟数据、计量数据等。而另一类非重复性非结构化数据则包括电子邮件、呼叫中心数据、客户反馈、合同，以及一大堆其他书面和口头的叙述数据。

在叙事数据的分类中，又出现了数据的子分类。对于所有的书面数据，可分为非重复性书面数据和重复性书面数据。例如，起草合同的律师使用所谓的"模板文件"。模板合同是指合同主体已预先确定的合同，律师只在合同中填写一些细节，比如合同收件人的姓名、地址和社会保险号。可能有一些条款需要协商，但是模板合同通常是非常相似的。

这就是重复性数据以非重复形式出现的一个例子。合同是不重复的，因为它采用的是叙述的形式。但也是重复的，因为它基本上是模板。

之所以要区分非重复性的非重复文本和非重复性的重复文本，是因为分类法适用于非重复性的非重复文本。这里需要一些例子来解释这种异常现象。

4.7.2 分类法的适用性

分类法最适用于文本，如电子邮件、呼叫中心信息、对话和其他自由形式的叙述性文本。在自由文本中，只需要使用分类法所关联的语境对词语进行分类。例如，一封邮件中提到了冰淇淋，其属于"甜点"分类，所以估计这封邮件是关于食物、饭菜和甜点的。另一封邮件提到了蛋糕，蛋糕也是一种甜点，因此，这些电子邮件是相互关联的，尽管冰淇淋和蛋糕非常不同。在自由文本中使用分类法有助于理解文本。

然而，假设你有一份模板合同，假设合同的内容是购买苹果，"苹果"一词作为模板的一部分出现在每份合同中。当然，苹果是一种水果，但苹果被归类为水果这一事实出现在合同的每一个实例中。有很多这样的例子。因此，使用分类法对苹果进行分类，在模板数据中并没有太大的用处，因为分类是反复出现的，对文本的理解没有什么帮助。因此，分类法对模板合同和其他存在重复叙述性文字的场景不是很适用。

4.7.3 什么是分类法

分类法最简单的形式就是单词列表，它提供了对大型主题的分类。图 4.7.3 显示了一些简单的分类，汽车可以是本田、保时捷、大众等，或者德国产品可以是香肠、啤酒、保时捷、软件（如 SAP）等。

当然，这些物品还有很多其他的分类方法。汽车可以是轿车、SUV、跑车等，或者美国产品可以是汉堡包、软件、电影、玉米、小麦等。

确实有几乎无限多的分类法，根据适用性可将其应用于非重复性非结构化数据。例如，汽车制造商可以使用与工程和制造有关的分类法，会计师事务所可以选择适用于税收和会计规则的分类法，零售商可以选择与产品和销售相关的分类法。相反，让一家工程公司使用与宗教或法律有关的分类法是非常不正常的，或者说，一家建筑公司对有关种族的分类法感兴趣也是不正常的。

与分类法相关的是本体论，图 4.7.4 描述了本体论。

本体论的简单定义是：本体论是一种分类法，该分类法中的元素之间存在相互关系。通常，在为非重复性非结构化数据的文本消歧构建基础时，可以使用分类法或本体论（或两者兼有）。

```
Car
Honda
Toyota        German products
Porsche          sausage
Buick            beer
Chevrolet        Porsche
Yugo             Volkswagen
Subaru           skis
Kia              clothes
                 steel
                 bread
```

图 4.7.3 一些简单的分类法

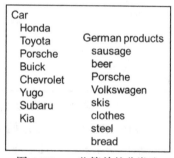

```
Transportation
automobile
  make
    Ford
    Honda
    Porsche
    Saturn
  type
    SUV
    sedan
    sports
    station wagon
airplane
  make
    Boeing
......
```

图 4.7.4 本体论

4.7.4　多种语言的分类法

与分类法相关的一个问题是分类法可以以多种语言存在。图 4.7.5 表明，分类可以在多种语言中存在。

4.7.5　商业分类法还是私人分类法

一个相关的问题是，在做文本消歧时，是使用商业创建的分类法还是使用私人创建的分类法。商业分类法的一个主要优点是很容易自动翻译成不同的语言。商业分类法通常以多种语言创建，你可以用一种语言阅读文档，并用不同的语言创建相关的分析数据库。

使用商业分类法的最大优势是不需要在分类法的创建上进行大量投资。如果一个组织决定手动创建自己的分类法，那么这个组织就是在自找麻烦，因为无法估计实际构建和维护这个分类法需要多少工作。

4.7.6　分类法和文本消歧的动态过程

图 4.7.6 所示的一个简单例子说明了分类法与文本消歧相互作用的动态过程。

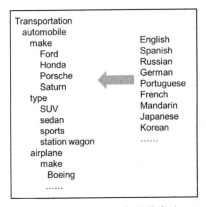

图 4.7.5　多种语言的分类法　　　　图 4.7.6　对原始文本进行分类的应用

在图 4.7.6 中显示了原始文本。将原始文本与汽车的分类法和汽车道路的分类法进行对比。输出结果显示，凡是遇到"保时捷"这个词的地方，都会被识别为汽车分类法的一部分。在输出中，"保时捷"一词被改为"保时捷 / 汽车"的表达方式。对"大众"和"本田"也进行了同样的处理。

利用道路分类法，可以看出"高速路"是"道路"的一种形式。"高速路"在输出中被写成"高速路 / 道路"。

图中的例子非常简单，但这个例子可以说明在文本消歧过程中使用分类法与原始文本交互的动态过程。实际上，分类法的实际使用通常要比这个简单示例复杂得多。

分类法的使用才是打开文本精密分析之门的钥匙。

请注意，在输出经过处理的文本时，分析师现在可以创建一个关于"汽车"的查询，并找到所有提及的任何类型的汽车。还请注意，原始文本中没有出现"汽车"一词。这只是分类法应用于文本时，分类法附加值的一小部分。

在消除非重复性非结构化数据的歧义时，从外部对数据进行分类的能力非常有用。

4.7.7　分类法和文本消歧的分离技术

分类法（收集、分类和维护）有其特有的关注点和处理过程。通常情况下，建立和管理文本消歧技术外部的分类法是有意义的。图 4.7.7 显示了这种情况。

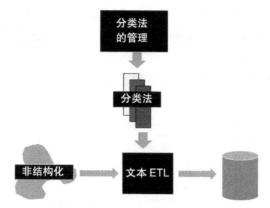

图 4.7.7　分类法作为文本 ETL 的输入

　　将分类法的建立和管理从文本消歧中分离出来有很多原因。但主要原因是，文本消歧已经够复杂了，不需要再增加建立和管理分类法的复杂性。

　　解释这两个过程之间的差异的另一种方法是查看不同技术中分类法的表示。在分类法管理的世界里，分类法需要一种健壮而复杂的表示方式。但在文本消歧的世界中，分类是用一系列词对表示的。图 4.7.8 显示了这两种技术之间的明显差异。

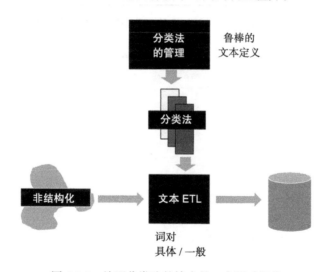

图 4.7.8　处理分类法的输出是一个词对规范

4.7.8　分类法的不同类型

　　关于分类法的一个有趣的观点是，可以用不同方式对分类法本身进行分类。换句话说，有许多不同的方法可以创建构成分类法的列表和分类。有些分类法是由同义词组成的，其他分类只是碰巧聚集在一起的单词列表，或者是词语的类别等。图 4.7.9 显示了许多不同的分类。

```
分类法：
　同义词
　列表
　类别
　首选
　……
```

图 4.7.9　不同的分类方法

4.7.9　分类法——随着时间的推移进行维护

关于分类法的最后一个观点是，随着时间的推移，分类法需要维护。这是因为语言是不断变化的，例如，在 2000 年，如果你提到"博客"，没有人知道你在说什么，但 10 年后，"博客"一词成为一个普遍使用的术语。

图 4.7.10 显示，随着时间的推移，语言和术语会发生变化，因此跟踪这些变化的分类法必须更新。

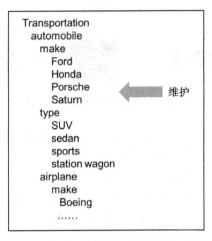

图 4.7.10　随着时间的推移，分类法需要定期维护

第 5 章

孤岛式应用环境

孤岛式应用之路开始的时候很简单，也很纯真。有一天，公司看到了对计算机系统的需求。他们建立了一个应用系统。不久，组织中的另一个小组发现了另一个地方对计算机系统的需求，一个新的应用程序就这样诞生了。很快，就有很多应用被建立起来了。

5.1 孤岛式应用的挑战

孤岛式系统所带来的挑战始于无知。孤岛式应用的问题一开始只是一个小的刺激或不便，但随着时间的推移，问题会从不便升级为灾难。而且问题永远不会有任何缓和，它意味着永不停歇的升级。图 5.1.1 描绘了管理部门在某一天醒来后面临的孤岛式应用。

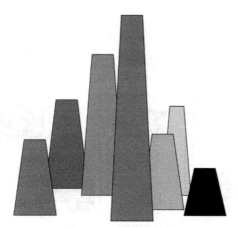

图 5.1.1　孤岛式应用

那么，面对孤岛式应用，有哪些问题在永不停歇地升级？

- ❑ 维护工作。应用程序一旦建立起来，就需要不断维护。而随着时间的推移，维护的需求永远不会减少。一个维护项目的完成，就会催生出另外三个新的维护项目。而随着出现的应用越来越多，对维护的需求也会成倍增长。
- ❑ 数据的完整性。有数据是一回事，但拥有可以被相信的数据是另一回事。多个孤岛式应用滋生了数据的不完整性。营销部说我们在亏损，财务部说我们在亏损，销售部说我们在赚钱。相信谁，就像抽签一样。今天，我们相信一个消息来源。第二天，我们又相信另一个消息来源。没有人和别人说的是一样的，"相信谁"成为组织内部不断进行的政治斗争。问题不在于是否有数据——有大量的数据。相反，问题变成了真正相信哪些数据。面对无法相信的数据，要做出好的企业决策就变得困难重重。

图 5.1.2 显示，在不同的孤岛式应用中，同一数据有多个版本。

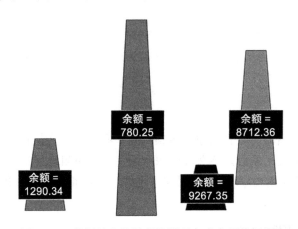

图 5.1.2   数据的完整性是数据孤岛式应用的问题之一

孤岛式应用中不仅存在信息的冲突值，而且试图解决跨不同应用之间的问题也是一个棘手的问题。造成跨孤岛式应用的数据不可信的原因是多方面的。但是，造成难缠的最大原因是，两个孤岛式应用之间无法有意义地共享数据。图 5.1.3 显示了这个问题。

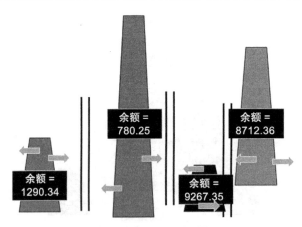

图 5.1.3   孤岛式应用之间没有数据共享性

当然，从机制的角度来看，数据可以共享。但是，若数据在每个应用中的含义不同，仅仅将数据从一个应用传递给另一个应用并没有什么好处。为了说明数据在应用程序之间不能互换的原因，请看下面的例子。假设有三个孤岛式应用程序——应用程序 A、应用程序 B 和应用程序 C。

假设这三个应用程序都有一个数据字段——销售金额，在每个销售金额中都有一个美元值。看起来，在不同的应用程序之间交换数值似乎很容易。但仔细研究一下就会发现，应用程序 A 用美元来衡量，应用程序 B 用澳元来衡量，应用程序 C 用加元来衡量。乍看之下，各应用程序之间是一致的。但如果直接在不同的应用程序之间交换美元值，那将是非常有误导性的——这些数据根本就不一样。

不幸的是，应用程序之间的差异比金钱的转换要大得多。为什么简单地将数据值从一个应用程序传输到下一个应用程序是一件危险的事情？有很多原因。

过时的技术会成为一个问题。当一个应用程序被构建时，它能够采用的是开发时已有的技术。不幸的是，孤岛式的应用程序往往比这些技术存在的时间更长。因为孤岛式应用极难改变，所以孤岛式应用就会"被困在旧技术里"。那么，企业中的孤岛式应用就会带来越来越多的困扰。

5.2　构建孤岛式应用

企业究竟是如何陷入孤岛式应用窘境的呢？孤岛式系统的起因很纯真。简单地说，开发者用他们认为当时最好的开发方法来构建应用程序。

应用程序开发的基本原则之一是：应用程序要从终端用户的需求出发。这个理念听起来很简单，也很直接。但时间表明，这种简单化的方法有一些主要的缺点。图 5.2.1 描述了这个简单的理念——应用程序是根据终端用户的需求构建的。

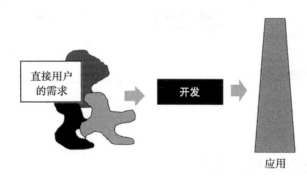

图 5.2.1　应用程序是如何构建的

事实上，所有的书和方法论都是建立在这个简单的理念之上。而且在某种程度上，这些书和方法论都是正确的。应用程序必须以终端用户的需求为基础。

然而，这种思路有一个很大的缺陷：只根据系统的直接用户来确定需求。这个思路是，如果把所有的人——直接用户和间接用户——都考虑到了，那么构建应用程序将需要很长的时间。因此，在收集系统的需求时，只考虑系统的直接用户。这样一来，收集需求所需的时间是有限的。

那么，这些应用程序的间接用户是谁呢？通常情况下，应用程序的间接终端用户包括（但不限于）市场营销、销售、财务、会计等。

现在应用程序搭建完成，刚刚安装好的时候，直接用户比较满意。但不久之后，当系统的间接用户开始抱怨的时候，不满就开始了。间接用户抱怨的事情包括以下几点：

❑ 数据定义与开发人员使用的数据定义不同。

❑ 应用程序中数据的可访问性。

- ❏ 访问应用程序中发现的数据的难度。
- ❏ 应用程序中发现的数据的准确性。
- ❏ 查阅应用程序中数据的及时性。
- ❏ 组织在应用程序中发现的数据，等等。

间接用户的抱怨清单很长。因为数据太难获得，而且对间接用户的思维来说太过陌生，所以间接用户开始建立自己的应用程序。而在这样做的过程中，间接用户将围绕着孤岛式系统演变出来的问题进行升级。现在，甚至出现了更多的孤岛式应用。

图 5.2.2 显示，应用程序并没有解决间接用户对数据的任何需求。

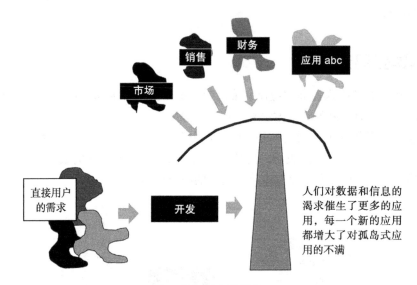

图 5.2.2　用户的需求

5.3　孤岛式应用是什么样的

这些变成孤岛的应用到底是什么样的？这些应用都有哪些特点呢？

孤岛式应用大多是企业最早建立或以其他方式收购的应用程序。因此，这些都是企业最早的应用程序。

在许多情况下，这些应用是直接连接企业与客户的应用，典型代表是自动取款机处理、银行出纳员处理、航空公司订票处理等。这些早期的应用是至关重要的，因为它们是企业与客户群业务中必不可少的。

这些早期的应用直接影响着企业的日常业务。比如，若银行的柜员系统崩溃，那么银行不得不停止营业，直到系统恢复后才开始营业。

5.4　当前值数据

我们共同的期望是，应用中发现的数据可以被称为"当前值数据"。图 5.4.1 所示为当前值数据。

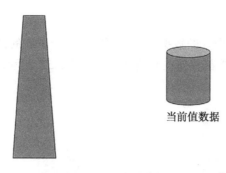

当前值数据

图 5.4.1   当前值数据

当前值数据是指在访问时准确的数据。为了实现这种高准确度，应用程序必须支持在线事务处理。

作为一个简单的当前值数据的例子，考虑一对夫妻的账户余额。上午 8 点，他们的账户余额为 5000 元。上午 9 点 15 分，妻子从 ATM 取款 500 元。上午 9 点 15 分 5 秒，账户余额修正为 4500 元。

丈夫在上午 10 点查看账户余额，看到账户余额为 4500 元。丈夫在上午 10 点 01 分取款 175 元，到 10 点 01 分 5 秒，账户上现在有 4325 元。

下午 4 点 15 分，妻子向账户中存入一张 2000 元的支票。截至下午 4 点 15 分 5 秒，账户余额为 6325 元。

在一天中的任何时候，丈夫、妻子和银行都可以查询账户余额。在调取数据的那一刻，账户余额是准确的。

与客户直接交互的应用程序通常是用当前值数据填充的。当前值数据的对立面，是指在访问时不准确的数据。作为非当前值数据的一个简单例子，考虑一下股票市场，在交易日结束时，股票价值是在交易日结束时捕获的。

假设有一个应用程序可以捕获交易日结束时的数据。上午 9 点，你看了一下自己喜欢的股票。你发现，它前一天的收盘价是 76.10 美元。然而，市场已经开盘几个小时了，这只股票很可能会在 76.10 美元之上或之下，但股票价值要到交易日结束后才会更新。

5.5   最低限度的历史数据

孤岛式应用的另一个特点是，在应用中发现的历史数据相对较少。如果在应用中发现了一定量的历史信息，就会对其进行汇总。

应用中发现的历史数据少有一个非常实际的原因，这与对事务处理效率的需求有关。在面向客户的应用中，典型的工作就是事务处理。为了快速执行事务，需要涉及并处理最少的数据量。当应用程序存储了海量的历史数据时，交易性能的效率会受到影响。因此，在线事务处理应用程序要尽快将数据尽可能多地甩掉。这样做可以优化系统的性能。

要想了解这个原理，可以考虑你的银行账户。你去查询活期账户余额是否合理？是的，当然是合理的。你去查询上周的一笔交易是否合理？答案也是合理的。现在，假设国税局正在进行审计，你需要找到一张 5 年前写的支票。在数据库的在线处理部分找到这张支票是否合理？不，这是不合理的。为了找到 5 年前的支票，银行必须通过审计和存档记录来查找。

应用程序通常会存储一个月的数据，甚至可能是一个季度的数据，这取决于所处理的业务的性质。除此以外，数据都存储在其他地方。如图 5.5.1 所示，在线事务处理应用聚焦于当前的信息。

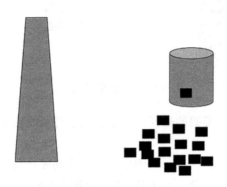

图 5.5.1   历史数据数量有限

5.6   高可用性

孤岛式应用的另一个特点是，应用数据往往有高度的可用性需求。对于面向客户的系统来说，无论何时系统停机或功能失调，客户都会对企业越来越不满意，因为该应用是为企业的业务而建立的。例如，假设 ATM 停机了，你将无法进行交易活动，你会对拥有和管理 ATM 的银行越来越不满意。因此，应用程序应该尽可能实现 100% 的正常运行时间。实际情况是，没有一个系统能保证 100% 的正常运行。然而，这是我们的目标，如图 5.6.1 所示。

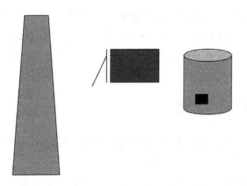

图 5.6.1   高度可用性

5.7   孤岛式应用之间的重叠

构建孤岛式应用的另一个后果是，众多的孤岛式应用之间存在高度的重叠——冗余。由于应用是为个性化需求而构建的，不同的孤岛式应用之间几乎不可避免地存在大量的数据和流程重叠，如图 5.7.1 所示。

图 5.7.1 高度重叠

5.8 冻结业务需求

孤岛式应用的另一个特点是其被"冻结在时间里"的业务需求。孤岛式应用是围绕业务需求来构建的，这些需求在某一时刻是已知的。一旦建立，孤岛式应用就很难改变。不幸的是，无论底层应用是否改变，业务情况都会发生变化——这是一个必然的事实。

其结果是，有一天，企业醒来后发现，自己的业务需求与孤岛式应用所代表的业务需求不同。孤岛式应用代表的是前十年的业务需求，新的、更现代的业务需求无法通过孤岛式应用来满足。

正因为如此，说到孤岛式应用所代表的业务，可以说是"冻结在时间里"，如图 5.8.1 所示。

5.9 拆除孤岛式应用

遗憾的是，对于大多数组织来说，拆除老式的孤岛式应用并不在他们的考虑范围内。从图 5.9.1 中可以看出，拆除孤岛式应用根本就没有被考虑过。

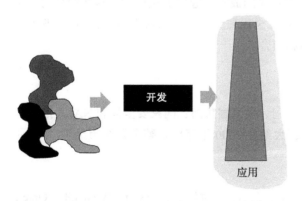

图 5.8.1 应用需求被冻结在时间里　　图 5.9.1 拆除应用从来都不在考虑范围内

第 6 章

数据保险箱

6.1 数据保险箱 2.0 简介

数据保险箱（data vault）2.0 是一个包括建模、方法论、架构和实施最佳实践的商业智能系统。数据保险箱 2.0 的支柱组件如下所示：

❑ 数据保险箱 2.0 建模——专注于流程和数据模型。

❑ 数据保险箱 2.0 方法论——遵循 Scrum 和敏捷工作方式。

❑ 数据保险箱 2.0 架构——包括 NoSQL 和大数据系统。

❑ 数据保险箱 2.0 实施——基于模式的自动化和生成。

数据保险箱这个词只是 2001 年选择的一个营销术语，用来向市场描述这个系统。商业智能（BI）的数据保险箱系统的真正内涵是指常见的基础性仓库建模、方法论、架构和实施。

该系统包括与商业设计、实施和管理企业数据仓库有关的方面。通过数据保险箱 2.0（DV2）系统，组织可以通过纪律严明的敏捷团队，在云端或内部进行增量式、分布式或集中式的建设。

这些组件中的每一个都在企业数据仓库程序的成功中起着关键作用。这些组件与基于能力成熟度的模型集成（CMMI）、六西格玛、全面质量管理（TQM）、项目管理专业人员（PMP）和严格的敏捷交付等行业公认实践相结合。

6.1.1 数据保险箱的起源和背景

数据保险箱最初是为洛克希德·马丁公司、美国国防部、国家安全局和 NASA 的内部使用而设计的。这个过程从 1990 年开始，大约在 2000 年完成。整个系统历经 10 年的研发，由 3 万多个测试案例组成。

该系统的建设是为了克服以下问题：

❑ 集成来自 ADABAS 的 250 多个源系统的数据，提供给 PeopleSoft、Windchill、Oracle 财务系统、大型机与中型机以及 SAP。

❑ 提供一个可审计和可问责的数据存储和处理引擎。

❑ 图像标记图纸（非结构化数据）的摄取和查询分析。

- ❑ NASA 发射台实时提供的火箭数据。
- ❑ 多层安全——包括分类数据集。
- ❑ 15TB 实时数据的亚秒级查询响应时间。
- ❑ 从需求到开发中的数据"实战",报告编写人员 4 小时内完成。

这些问题听起来可能不大,但在 1997 年,最快、最好的网络是 10BaseT 网络,一个 15TB 的磁盘是 25 万美元。以亚秒级的查询响应时间连接全球各地的服务器成为势在必行的挑战性工作。变化和适应的灵活性是最重要的。

我们的团队达到了国家安全局的目标,并超出了所有相关企业管理层的预期。我们的五人团队在不到 6 个月的时间里摄取了 150 个源系统,建立了 1500 多份报告,并交付了 6 万多条数据属性,具有 100% 的可审计和可问责性。如今,有了更好的技术,特别是有了合适的自动化工具,可以更容易地完成这项工作。这个全球性的企业数据仓库还在那里,还在发展,当然规模也大得多。

6.1.1.1　旧的数据保险箱 1.0

回到 2001 年,数据保险箱 1.0 标准发布。截止到 2018 年,数据保险箱 1.0 已经有 17 年的历史,是时候创新了。这些标准针对的是小规模的传统关系型数据库解决方案。此外,对外发布的标准只有数据保险箱 1.0 模型标准。

数据保险箱 1.0 建模利用序列编号方案,这种方案在大体量数据载入的情况下无法正常运行。此外,序列编号技术还限制了团队将数据仓库模型分发到混合平台(内部部署 / 云内)或地理分布式平台的能力。

6.1.1.2　新的数据保险箱 2.0

2001 年以来,技术、平台、能力、硬件都发生了变化和转移。今天的重点是更大的大数据系统、NoSQL 平台,以及更好的处理非结构化 / 半结构化数据的方法。方法论已被更新,包括有纪律的敏捷交付(来自 Mark Lines 和 Scott Ambler)。架构包括落地区、数据湖和混合解决方案设计。

数据仓库已经进化了——就像网络、汽车或者其他任何系统一样。数据保险箱现在被认为处于稳定的 2.0 版本,包括(如前所述)模型、方法论、实施和架构。数据保险箱 2.0 (DV2)是一个基础系统,它为程序和项目提供了成功实施企业数据仓库的知识和远见。

数据保险箱 2.0 所要解决的问题如下:

- ❑ 全球分布式团队。
- ❑ 全球分布式物理数据仓库组件。
- ❑ 在多国服务器查询时间期间的"懒"连接。
- ❑ 图像、视频、音频和文档(非结构化数据)的摄取和查询分析。
- ❑ 摄取实时流(IOT)数据。
- ❑ 云端和企业内部无缝集成。
- ❑ 敏捷团队交付。
- ❑ 纳入数据虚拟化和 NoSQL 平台。
- ❑ 极大的数据集(PB 级以上)。
- ❑ 自动化并生成 80% 的工作产品。

从商业角度来看,DV2 带来了整个解决方案:不仅是数据模型,还包括工作流、过程、自动化、标准化、适应性、架构灵活性、敏捷性等。这些内容已经不容忽视。拼凑多种不同的方法论并希望成功很少能奏效。

DV2带来了屡试不爽的成功经验，并且不需要进行再造。DV2基于扎实可靠的工程实施，给客户带来了信心。数据保险箱2.0提供了这一切，包括客户参考资料（一些大型商业机构和政府数据存储）。

这听起来像是矫枉过正。然而，团队（一旦经过适当的培训）可以在一天或两天的生命周期内交付冲刺工作产品。该解决方案是基础性的，并提供了易于以标准化方式组装在一起的积木组件。利用自动化和工作流流程工具（特别是使用数据保险箱2.0授权工具）来加快团队的进度成为必须要做的事情。

如今，全球已有客户采用新的大数据技术实施PB级分布式数据保险箱2.0解决方案。更多从业务到技术、从工具到数据平台的信息可以在数据保险箱社区找到：http://DataVaultAlliance.com（免费加入）。

6.1.2　什么是数据保险箱2.0建模

6.1.2.1　业务视角

数据保险箱模型基于业务概念模型。捕捉业务的概念或要素需要在逻辑层面进行统一，然后将这些概念映射到原始数据层面和业务流程层面。概念模型从客户、产品或服务等单个数据项开始。然后，这些概念通过跨越业务线（从数据初始到数据"死亡"）的业务键进行唯一识别。

该模型将标识符（中心表）与随时间变化的描述性数据（附属表）的关系或关联（链接表）分开。这使得模型能够存储通常定义的数据集，映射到概念层，并将该数据与多个业务流程层联系起来。这些业务流程是在源系统内执行的。

通过这种方式捕获数据集，模型可以轻松地表示多个逻辑工作单元，以及不断变化的业务层次和不断变化的流程。此外，概念模型还可以应用在自动化和生成工具、数据虚拟化工具和查询工具中，更好地满足企业的需求。

因为这个模型（在构建过程层面）是集中在概念上的，所以它可以被分割或划分为并行工作流。该模型可以随着时间的推移逐步建立，当变化到来时，几乎不需要再造工作。该模型可以自动生成（围绕概念和业务键的人工输入），以加快和加速流程。

6.1.2.2　技术视角

数据保险箱建模是针对逻辑企业数据仓库的基于第三范式和维度建模的混合方法。数据保险箱模型是作为一个落地式、增量式、模块化的模型来构建的，可以应用于大数据、结构化和非结构化数据集。

DV2建模专注于提供灵活、可扩展的模式，共同为企业数据仓库按业务键整合原始数据。DV2建模包括微小的变化，以确保建模范式可以在大数据、非结构化数据、多结构化数据和NoSQL的构造中工作。

数据保险箱建模2.0将序列编号改为哈希键。哈希键提供了稳定性和并行加载方法，并且可以对记录的父键值进行解耦计算。对于在内部对业务键值进行哈希处理的引擎来说，还有一种选择——使用真正的业务键，而不使用序列或哈希代理。每种技术的优缺点将在本章的数据保险箱建模部分详细介绍。

6.1.3　如何定义数据保险箱 2.0 方法论

6.1.3.1　业务视角

该方法论利用了软件开发最佳实践，如 CMMI、六西格玛、TQM、精益计划和缩短周期等，并将这些理念应用于实现可重复性、一致性、自动化和减少错误。

DV2 方法论侧重于快速冲刺周期（迭代），并对可重复的数据仓库任务进行调整和优化。DV2 方法论的理念是让团队拥有敏捷的数据仓库和商业智能最佳实践。DV2 方法论是提升数据仓库平台成熟度等级的支柱或关键组成部分。

还有其他方法论可供使用；然而，DV2 方法论是独特的，可以利用 DV2 模型、流程设计或者其他更多的方法的优势。

6.1.3.2　技术视角

该方法论（就像建模组件一样）基于坚实的可重复的流程设计。这些设计几乎不需要再造，并且可以轻松处理横向扩展、纵向扩展、并行化和实时问题。该方法论也是以人为本的。从技术的角度来看，没有什么比拥有一个敏捷的团队，并且能够实施和快速扩展解决方案更好的了。

AnalytiX DS 和 WhereScape 提供的工具可从流程的角度协助团队。自动化和生成工具有利于将交付速度提高四倍（至少）。

6.1.4　为什么需要数据保险箱 2.0 架构

数据保险箱 2.0 架构的设计包括 NoSQL（请考虑大数据、非结构化数据、多结构化和结构化数据集）。模型中的无缝集成点，以及明确的实施标准为项目团队提供了指导。

DV2 架构包括 NoSQL、实时反馈和大数据系统，用于非结构化数据处理和大数据集成。DV2 体系架构还提供了一个基础，用于定义哪些组件适合在何处以及如何集成。另外，该架构为合并层面提供了指南，以纳入诸如管理型自助 BI、业务写回、自然语言处理（NLP）结果集集成等方面，以及处理非结构化和多结构化数据集的方向。

6.1.5　数据保险箱 2.0 的实施范围

DV2 的实施侧重于自动化和生成模式，以节省时间，减少错误并提高数据仓库团队的生产率。DV2 实施标准为高速可靠的构建提供了规则和工作指南，在此过程中几乎没有错误。DV2 的实施标准规定了具体的业务规则在流程链中的执行位置和方式，指明了如何将业务变更或数据供应与数据获取解耦。

6.1.6　数据保险箱 2.0 的商业利益

DV2 的众多优势都来自 CMMI、六西格玛、TQM、PMP、Agile/Scrum、自动化等现有的最佳实践。然而，商业智能的数据保险箱 2.0 系统的特点可以很好地用一个词来概括：成熟。

商业智能和数据仓库系统的成熟体现在以下几个关键要素上：

❑ 可重复的模式

❑ 冗余架构 / 容错系统

- ❏ 高扩展性
- ❏ 极大的灵活性
- ❏ 管理一致成本，以吸收变化
- ❏ 可衡量的关键流程领域（KPA）
- ❏ 差距分析（针对数据仓库构建业务）
- ❏ 纳入大数据和非结构化数据

从业务角度来看，数据保险箱 2.0 解决了大数据、非结构化数据、多结构化数据、NoSQL 和自助 BI 的需求。数据保险箱 2.0 确实是针对企业数据仓库（EDW）和商业智能（BI）的演化。数据保险箱 2.0 的目标是以可重复、一致、可扩展的方式使企业构建商业智能系统的流程更成熟，同时提供与新技术（即 NoSQL 环境）的无缝集成。

由此产生的商业利益包括（但不限于）：

- ❏ 降低 EDW/BI 程序的总成本（TCO）
- ❏ 提高整个团队的敏捷性（包括交付）
- ❏ 提高整个程序的透明度

由此产生的商业利益可分为以下几类：

数据保险箱 2.0 敏捷方法论的优势：	数据保险箱 2.0 模型的优势：
• 推动灵活的交付（2/3 星期） • 包括 CMMI、六西格玛和 TQM • 管理风险、治理和版本管理 • 定义自动化和生成 • 设计可重复的优化流程 • 结合 BI 的最佳实践	• 采用无标度架构 • 基于中心辐射设计 • 以集合逻辑和大规模并行处理（MPP）的数学理论为支持 • 包括 NoSQL 数据集的无缝集成 • 实现 100% 并行异构加载环境 • 限制变化对局部地区的影响
数据保险箱 2.0 架构的优势：	数据保险箱 2.0 方法论的优势：
• 增强去耦 • 确保低影响变动 • 提供托管的自助 BI • 包括无缝的 NoSQL 平台 • 增强团队敏捷性	• 增强自动化 • 确保可扩展性 • 提供一致性 • 包括容错功能 • 提供经过验证的标准

6.1.7　数据保险箱 1.0 简介

数据保险箱 1.0（DV1）高度关注数据保险箱建模组件和关系型数据库技术。DV1 数据模型附加了代理序列键作为其每个实体类型的主键选择。不幸的是，代理序列表现出以下问题：

- ❏ 引入对 ETL/ELT 加载范式的依赖。
- ❏ 包含上界／上限，当达到时可能会引起问题。
- ❏ 出现毫无意义的数字（对企业来说绝对没有任何意义）。
- ❏ 在大数据集的加载上造成性能问题（由于依赖性）。
- ❏ 减少加载过程的并行性（同样由于依赖性）。
- ❏ 不能利用 MPP 分区键进行数据放置，这样做有可能造成 MPP 平台的热点。
- ❏ 在恢复负载期间，不能可靠地重建或重新分配（重新连接到旧值）。
- ❏ 在容纳相同数据集的多个源应用程序之间存在差异。

DV1 不能满足大数据、非结构化数据、半结构化数据或非常大的关系数据集的需求。DV1 高度关注的只是数据建模部分和关系型数据库。

代理序列不好用吗？如果数据集很小（每张表少于 100M 记录），或者平台能够扩展计算能力以超越传统方法（降低负载时的查找成本），代理序列还是很好用的。序列对于高性能查询来说确实非常好用，当数据按范围分区时，大多数传统的关系引擎都会利用这一点来发挥其优势。

在某些平台上，不鼓励使用序列，甚至不能使用序列。在这些平台上，需要有其他的键结构。所提出的另一种键结构实际上是一种哈希键，本章后面将详细讨论。第三种选择是直接利用源系统中的自然业务键，这也有其优点和缺点，本章后面也将讨论。

6.2　数据保险箱建模简介

6.2.1　数据保险箱模型的概念

从概念层面来看，数据保险箱模型（DVM）是一种中心辐射模型，旨在将其集成模式集中在业务键上。这些业务键是存储在多个系统中的信息的键（希望是主键），用来定位和唯一识别记录或数据。在概念层面上，这些业务键是独立的，也就是说它们不依赖于其他信息而存在。

这些概念来自业务语境（或业务本体），从主数据的角度来看，这些元素对业务是有意义的，比如客户、产品和服务。这些概念是最低粒度的业务驱动力。DVM 的建立是为了在源系统粒度层面上存放数据。

DVM 绝不能简单地设计为"源系统重组"。如果没有按业务键整合，那么建立 DVM 就没有意义。业务键需要反映业务分类法中所定义的概念。这些分类体系定义了业务键所处的语境，以及它们的粒度。

例如"客户账号"（CAN）。在一个完美的世界里，CAN 将被分配一次，并且永远不会改变——它也将被永远分配给同一个客户。这将是主数据管理的终极目标。无论正在处理 CAN 的业务流程还是源应用程序，其值都将保持不变。一旦保证了这一点，在业务的生命周期中追踪 CAN 将是一项简单的工作。

6.2.2　数据保险箱模型的定义

DVM 是一个面向细节的、历史跟踪的、唯一链接的规范化表集，它支持一个或多个业务功能领域。在 DV2 中，模型实体由哈希键入；而在 DV1 中，模型实体由序列键入。

建模风格是第三范式和维度建模技术的混合体，这种独特的结合可满足企业的需求。DVM 也是基于中心辐射图表的模式，也就是所谓的无标度网络设计（图 6.2.1）。

这些设计模式使数据保险箱模型能够继承无标度的属性，这些属性对模型的大小或模型所能表示的数据大小没有内在限制——除了基础设施引入的限制之外。

6.2.3　数据保险箱模型的组成部分

在数据保险箱模型中，有三个基本的实体或结构：中心表、链接表和附属表。在业务上，中心表代表整个企业横向存在的实际业务键或主键集。链接表代表企业中各业务键之间存在的关系和关联。真正的数据仓库组件是长期存储非易失性数据的附属表。

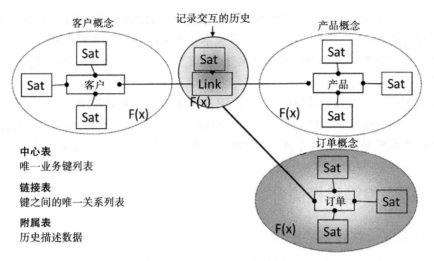

图 6.2.1　数据保险箱概念模型

数据保险箱模型是基于数据的归一化和类别分离。在这种特殊情况下，业务键（中心表）被认为是与关系（链接表）不同的类别。这两种类型都由背景或描述性信息（附属表）分开，这些信息有随时间变化的趋势。

6.2.4　业务键为何如此重要

业务键是业务的驱动力。它们将数据集绑定到业务流程，并将业务流程绑定到业务需求。没有业务键，数据集就没有价值。业务键是通过业务流程和跨业务线跟踪数据的唯一来源。

图 6.2.2 表示一个全规模企业中存在的几个概念。"■"代表企业内部发生的数百个独立的业务流程，它们是通过业务流程的生命周期串联起来的。以这种方式组织业务流程的目的是确定关键路径（因为这些流程参与了缩短周期时间和精益过程）。业务流程的关键路径由虚线描绘。

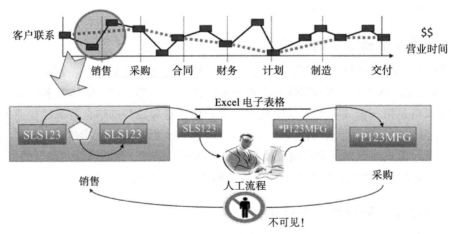

图 6.2.2　跨业务线的业务键

值得注意的是，关键路径是降低间接成本、缩短市场交付时间、提高质量的重要环节。通过识别组织中的关键路径，可以在整个企业中实现"更好、更快、更便宜"。在业务流程中识别和跟踪数据对于跟踪企业业务流程中的关键路径至关重要。

在每一个业务流程中，都确定了业务键。业务键是指组织中的源系统和个人如何跟踪和管理下面的数据 / 合同。业务键（本例中为 SLS123）来源于销售系统。如本例所示，当这些键跨越了从销售到采购的流程边界时，就会出现一个人工流程。人工流程的结果是将示例业务键从 SLS123 改为 *P123MFG。遗憾的是，除了在外部 Excel 电子表格中，本例中对业务键的手动更改没有记录在任何地方。

6.2.5　数据保险箱和数据仓库的关系

如前所述，我们的目标是降低组织的总拥有成本（TCO）。TCO 可以转化为降低间接成本、提高交付质量、减少交付产品或服务时间。一个正确设计和实施的数据保险箱数据仓库可以帮助完成这些任务，包括识别关键路径所需的发现和跟踪活动。

跨多个业务部门跟踪和追踪数据集的能力是创造价值或为账簿上的资产建立数据的一部分。如果不能追溯到业务流程，数据几乎变得毫无价值。

在业务中引入关键路径分析，并在多条业务线之间建立可追溯性，意味着组织可以缩短周期时间（或精益过程）；这些举措有助于组织确定其关键路径，并消除那些不增加价值、容易拖慢产品或服务的生产和交付的业务流程。了解数据（由业务键识别）在多条业务线之间的路径，可以显示出关键路径和在缩短周期工作中需要解决的长期业务流程。

通过业务键将业务流程与数据联系起来，不仅更容易赋值，也更容易了解业务认知的差距（即他们提供给 EDW 团队的要求，这些差距暴露了多源系统采集和执行的现实情况）。

这个过程的最终结果之一是帮助企业了解哪些方面可能出现重大损失。当企业通过 TQM 最佳实践来缩小差距时，他们就会停止资金损失，并可能同时增加收入以及产品或服务的质量。

6.2.6　如何转换到数据保险箱建模

数据保险箱模型，更具体地说是中心表，显示了整个企业有多少个不同的键。中心表跟踪每一个键何时插入仓库，以及从哪个源应用程序到达。除此之外，中心表不跟踪其他任何信息。要理解业务键的"改变"，数据仓库需要另一种表结构和另一种来源的馈入。

数据保险箱使用的下一个表结构叫作链接表。链接结构中存放人工流程中的馈入，在本例中为 FROM SLS123 TO *P123MFG，又称 same-as 链接结构。本例的数据保险箱 2.0 模型示例如图 6.2.3 所示。

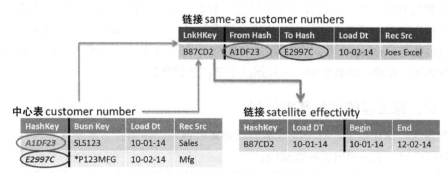

图 6.2.3　数据保险箱 2.0 数据模型

中心表 customer 代表业务流程中发现的两个键。链接 same-as 显示它们的连接。Rec Src（记录源）显示为"Joes Excel"，这意味着数据保险箱加载处理了一个基于人工流程的 Excel 电子表格。链接 satellite effectivity 提供了两个键之间关系开始和停止的时间线。附属表是描述性数据"生存"和"呼吸"的地方。

附属表带来的不仅仅是有效性。在客户（此处未显示）的实例下，附属表可能携带额外的描述性细节，如客户名称、地址和电话号码。本节将进一步提供附属表和附属表数据的其他例子。

在这种情况下，链接进行键值匹配（"从"和"到"）。这种类型的链接结构可以用来连接主键选择或解释从一个源系统到另一个源系统的键映射/变化。也可以利用它来表示多层次的层次结构（这里没有显示）。

请注意，导入 Excel 电子表格显示了迈向管理型自助 BI（管理型 SSBI）的第一步。管理型 SSBI 是数据仓库发展的下一步。允许业务用户与仓库中的原始数据集进行交互，并通过改变数据来影响自己的信息集市。

数据保险箱模型不仅能提供直接的商业价值，而且能够长期跟踪所有关系。利用数据保险箱模型，在数据被加载到仓库中时，数据的不同层次（尽管目前这高度集中在两个特定的业务键上）是可能实现的。

通过跟踪业务键的变化，暴露出各业务键之间的关系，业务就可以开始提出和回答以下问题：

- ❏ 我的客户账户在转入采购之前会在销售中停留多长时间？
- ❏ 我可以将 AS-SOLD 图像与 AS-CONTRACTED 图像进行比较，或者将 AS-MANUFACTURED 图像与 AS-FINANCED 图像进行比较吗？
- ❏ 我到底有多少客户？
- ❏ 在我的业务中，客户/产品/服务从最初的销售到最终交付需要多长时间？

如果没有横跨不同业务线的一致的业务键，很多问题都无法得到解答。

6.2.7　为什么要对暂存区的数据进行限制

重组可以在不改变数据集本身的情况下，将多个系统集成到目标数据仓库的一个地方（即不一致）。这称为被动整合。数据被业务键被动整合，因为原始数据没有变化。这种整合是根据位置进行的（即所有的个人客户账号将存在于同一个中心，而所有的企业客户账号存在于不同的中心）。

在大数据时代，暂存区也被称为落地区、数据堆场或数据垃圾场。暂存区是一个逻辑概念，它可以在多种环境中实际表现出来。暂存区可能是 Amazon S3 或 Azure 云上的文件存储，也可能是 Hadoop 分布式文件系统（HDFS），还可能是一个关系型数据库表结构。暂存区将数据集中在单一的概念中，为数据的下游移动做准备。

6.2.8　数据保险箱模型的基本规则

在数据保险箱建模中，有一些基本的规则必须遵守，否则模型本身就不再有资格成为数据保险箱模型。下面列出了一些规则：

- ❏ 业务键按粒度和语义分开。也就是说，客户公司和客户个人必须存在或记录在两个独立的中心结构中。

- ❏ 跨越两个或多个业务键的关系、事件和交叉点被放入链接结构中。
- ❏ 链接结构没有开始或结束日期，它们只是对数据到达仓库时的关系的一种表达方式。
- ❏ 附属表按数据类型／分类和变化率分开。数据类型通常是单一来源系统。

原始数据保险箱建模不允许也不提供诸如一致性等概念或观念，也不处理超级类型。这些概念属于业务数据保险箱模型（作为信息传递层使用的另一种形式的数据保险箱建模）。

6.2.9　为什么需要很多链接结构

多对多链接结构使得数据保险箱模型可以在未来实现扩展。源系统所表达的关系往往是今天业务规则或业务执行的反映。随着时间的推移，关系的定义已经发生了变化，并将继续变化。为了表示历史和未来的数据（不重新设计模型和加载例程），多对多关系表是必要的。

这就是数据保险箱 2.0 数据仓库如何揭示关系随时间变化的模式，从而回答诸如历史上"当前需求"与"关系"之间的差距在哪里等问题。原始数据保险箱中的多对多表（链接）提供了有关"损坏"数据的百分比以及该数据何时破坏了关系需求的度量。

举个例子，比如说在过去，对于一个样本客户，常见的是有一个投资组合经理。但如今，公司改变了业务规则，一个客户可能会分配三个或更多的投资组合经理。如果数据仓库模型强制执行"过去"的关系（许多客户到一个投资组合经理），那么为了支持今天的关系，数据模型和 ELT/ETL 加载例程必须重新设计。

在链接表中实现了多对多的关系，却没有附加描述性的属性，这是为了捕捉多个源系统的差异。可以将链接表（为了便于理解）认为是关系表。链接结构有几种形式，包括非历史化链接、层次化链接和同源链接。这些形式是功能定义的，因为它们的定义方式表明了这些结构中的数据所发挥的功能类型或作用。

业务流程再造的结果是资金量不断增加，因为随着数据集的增加和模型的增长，修改时间、复杂性和成本也在增加。最终，这种维护数据的成本和时间的增加超出了企业的支付能力。

唯一能同时表示随时间变化的关系（历史和未来）的方法，就是把数据放在一个多对多的链接表中。然后，根据下游数据集市提供的查询需求，仓库可以准确地告诉业务用户他们有哪些数据，以及什么时候"打破"了当前的规则。

6.2.10　数据保险箱 2.0 的主键选项

数据保险箱 2.0 模型中的主键值有三种主要选择：

- ❏ 序列号
- ❏ 哈希键
- ❏ 业务键

6.2.10.1　序列号

序列号从机器诞生之初就已经存在了，它们是系统生成的、独一无二的数值，具有递增（顺序）的性质。序列号有以下问题：

- 上限（非十进制值的数值字段的大小）。
- 在加载过程中利用序列号时会引入流程问题，因为序列要求任何子实体查找其对应的父记录以继承父值。
- 没有商业意义。

上述问题中最关键的是与查找或连接过程相关的对性能的负面影响，特别是在异构环境中，或者在法律上不允许数据"活着"或复制到其他地方的环境中（地理位置分割，或本地与云内部署混合）。在高速物联网或实时馈送过程中，这个过程问题更加严重。考虑一下在物联网或实时馈送中会发生什么。当数据快速流向数十亿条子记录时，每条记录必须在序列"查找"上等待（一次一条记录）；实时流可能会倒退。

"查找"也会在批量负载下导致"预缓存"问题。例如，假设父表是发票，子表是订单。如果发票表有 5 亿条记录，订单表有 50 亿条记录，并且每个订单至少有一个匹配的父行（很可能有更多），那么流入订单的每条记录都必须"查找"至少一张发票。该查找过程将进行 50 亿次，每条子记录一次。

不管该技术是 ETL 引擎、实时流程引擎，还是支持 SQL 数据管理的引擎，这个过程必须发生，以避免任何潜在的孤立记录。如果引用完整性被关闭，加载过程可以并行运行到两个表。但是，为了填充"父序列"，仍然必须逐行"搜索/查找"。增加并行和分区会对性能有所帮助，但最终会遇到上限瓶颈。

在 MPP 环境中（MPP 存储），数据将被重新分配以支持连接，而且必须运送的不仅仅是序列，而是序列加上它所绑定的整个业务键。在具有非 MPP 存储的 MPP 引擎中（如 snowflake DB），数据不必被运送，但查找过程仍然必须发生。

这种单线、一次只查找一条记录的行为会极大地（而且是负面地）影响负载性能。在大规模的解决方案中（想想 1000 张"表"或数据集，每张表有 10 亿条记录或更多），这种性能问题会急剧增加（加载时间急剧增加）。

如果有一个子表怎么办？如果数据模型设计有父表→子表→子表→子表，或者多级深层关系呢？那么，随着加载周期的长度成倍升级，问题就会升级。

为了公平起见，我们现在来谈谈利用序列号的一些积极影响。序列号一旦建立起来，会产生以下积极影响：

- 小字节。
- 流程优势：跨表连接可以利用小字节大小的比较。
- 流程优势：连接可以利用数字比较（比字符或二进制比较快）。
- 每条新插入的记录总是唯一的。
- 一些引擎可以进一步按升序对数值序列进行分区（分组），并通过在加入过程中利用范围选择（并行）来利用子分区（微分区）剪枝。

6.2.10.2　哈希键

什么是哈希键？哈希键是一个业务键（可能是复合字段），通过一个称为哈希的计算函数运行，然后分配为表的主键。哈希函数被称为确定性函数。确定性意味着基于给定的输入 X（每一次提供给哈希函数一个输入 X），它将产生输出 Y（对于相同的输入，将生成相同的输出）。关于哈希函数的定义和原理可以在维基百科上找到。

哈希键对于数据模型的好处如下:

❑ 100% 并行的独立负载进程(如果引用完整性被关闭),即使这些负载进程被分割在多个平台或多个地点上。

❑ 懒连接,即利用钻取技术(或类似的技术)实现跨多个平台连接的能力——即使没有引用完整性。需要注意的是,懒连接不能在异构平台环境中实现,甚至在一些 NoSQL 引擎中也不支持。

❑ 单一字段主键属性(这里的好处与序列号解决方案相同)。

❑ 确定性——它甚至可以在源系统上或在物联网设备 / 边缘计算的边界进行预计算。

❑ 可以表示非结构化和多结构化的数据集,基于特定输入的哈希键可以反复计算(并行)。换句话说,哈希键可以被构造为音频、图像、视频和文档的业务键。这是序列无法以确定性的方式做到的。

❑ 如果希望建立一个智能哈希函数,那么可以给哈希的位赋予意义(类似于 Teradata——它为底层存储和数据访问计算内容)。

因为要连接 Hadoop 和 Oracle 等异构数据环境,所以哈希键对数据保险箱 2.0 很重要。此外,哈希键在"加载"数据保险箱 2.0 结构时还消除了依赖性。哈希键可以按值计算,也可以计算"父"键,并且可以重复计算存在值的多个父键。没有查找依赖,不需要预缓存,也不需要使用临时区域或其他任何东西在加载处理过程中计算每个父值。

大数据系统负载几乎不可能在序列号依赖的情况下进行适当的扩展。序列(无论是 DV1 还是维度模型或任何其他数据模型中的序列)都会强制加载父结构,然后加载子结构。这些对"父结构优先,然后再查找父值"的依赖性,导致在加载周期中需要逐行操作,从而抑制了并行提供的扩展可能性。

这种类型的依赖不仅会拖慢加载过程,而且会扼杀任何并行的潜力——即使是在引用完整性关闭的情况下。此外,它还将依赖性放入异构环境中的加载流中。例如,当将附属数据加载到 Hadoop 中时(可能是 JavaScript 对象符号(JSON)文档),加载流需要从中心查找可能存在于关系数据库中的序列号。仅仅是这种依赖性就违背了当初建立 Hadoop 这种系统的全部目的。

哈希键确实有其问题:

❑ 当哈希的存储量大于序列时,所产生的计算值的长度。

❑ 可能的碰撞(碰撞的概率取决于所选择的哈希函数)。

第一个问题导致 SQL 连接和查询速度变慢,这是因为"匹配"或比较较长字段所需的时间比比较数字所需的时间要长。哈希值(在 Oracle 和 SQL Server 中)通常以固定的二进制形式存储(是的,这可以作为主键使用)。Hive 或其他基于 Hadoop 的技术以及其他一些关系引擎中的哈希值必须以固定字符集长度存储。例如,MD5 的哈希结果是 BINARY(16),导致 CHAR(32) 固定长度的十六进制编码字符串。

使用哈希的另一个方面是它在并行加载中的无限扩展性。所有的数据都可以在多个平台上一直完全并行加载(即使是那些在地理上分割或在内部和云端分割的平台)。哈希键(或业务键)是数据保险箱 2.0 在大数据和 NoSQL 世界中成功的一部分。在 DV2 中,哈希是可选的。有多种哈希算法可供使用,包括以下几种:

❑ MD5（2018 年左右已废弃）

❑ SHA 0, 1, 2, 3——SHA1（2018 年左右已废弃）

❑ 完美哈希

哈希基于到达暂存区的业务键。因此，所有的查找依赖性都被去除，整个系统可以在异构环境中并行加载。现在模型中的数据集可以通过选择哈希值作为分布键，在 MPP 环境中进行分布。如果哈希值是 MPP 桶分布键的话，这样可以更加随机且均匀地分布在 MPP 节点上。

"在测试哈希函数时，可以通过卡方检验来评价哈希值分布的均匀性。"参见 https://en.wikipedia.org/wiki/Hash_function。

幸运的是，哈希函数已经设计好了，设计人员已将分布数学考虑在内。选择的哈希函数（如果要利用哈希）可以由设计团队自行决定。截止到 2018 年左右，各团队都选择了 SHA-256。

哈希输出（位数）越长，潜在碰撞的可能性／概率越小，这是需要考虑的问题，特别是当数据集很大的时候（例如，大数据，每张表每个加载周期输入 10 亿条记录）。

如果选择哈希键来实现，那么还必须设计一个哈希碰撞策略。这是团队的责任。解决哈希碰撞有几种选择，其中一个推荐的策略是反向哈希。

这只是针对作为企业仓库的数据保险箱 2.0 模型。仍然可以（甚至是可取的）利用下游持久性信息集市（数据集市）中的序列号，在同质环境中进行最快的连接。

最大的好处不是来自建模方面，而是来自加载和查询的角度。对于加载来说，它释放了依赖性，允许向 Hadoop 和其他 NoSQL 环境的加载与向 RDBMS 系统的加载并行。对于查询来说，它允许在 Hadoop、NoSQL 和 RDBMS 引擎之间按需跨越 Java 数据库连接（JDBC）和开放数据库连接（ODBC）进行数据的"后期连接"或运行时绑定。这并不是说它会很快，而是说它可以很容易地实现。

关于这个主题的深入分析，可以查阅其他相关书籍。

6.2.10.3 业务键

如果运营应用中有数据，则业务键已经存在很长时间了。业务键应该是智能的或是智能键，应该映射到业务概念上。也就是说，目前大多数业务键都是源系统的代理 ID，它们表现出的问题与上述序列表现出的问题相同。

智能键通常被定义为组件的总和，其中单个字段的数字或碎片包含了业务的意义。例如，在洛克希德·马丁公司，一个零件号由几个部分组成（它是一种超级键）。零件键包括零件的品牌、型号、修订版和年份，就像今天在汽车上发现的车辆识别码（VIN）一样。

智能键的好处远远超出了简单的代理或序列业务键。这些业务键通常在业务层面表现出以下积极方面：

❑ 它们在数据集的生命周期内保持相同的值。

❑ 当数据在业务 OLTP 应用之间和跨业务 OLTP 应用之间传输时，它们不会改变。

❑ 它们在源系统应用中是不能被业务编辑的（大部分时间）。

❑ 它们可以被视为主数据键。

❑ 它们跨越业务流程并提供最终的数据可追溯性。

❑ 最大的好处是允许并行加载（像哈希一样），也可以作为地理上分布的数据集的键——不需要重新计算或查找。

它们也有三个缺点：

❑ 长度，一般来说，智能业务键可以超过 40 个字符。

❑ 随着时间的推移，基本定义每隔 5～15 年就会发生变化（看看过去 100 年 VIN 号码是如何演变的）。

❑ 有时，源应用程序可以改变业务键，这对任何需要进行的分析都会造成破坏。

如果让我们在代理序列、哈希和自然业务键之间进行选择，自然业务键将是首选。最初的定义（即使在今天）指出，中心表被定义为唯一的业务键列表。使用对业务有意义的自然业务键会更好。

正确构建的原始数据保险箱 2.0 模型的功能之一是提供跨业务线的可追溯性。要做到这一点，必须根据一套设计标准将业务键存储在中心结构中。

目前源系统中的业务键大多是源应用程序定义的代理序列号。世界上充斥着这些由机器生成的"笨"数值，例如客户号、账号、发票号和订单号等，不胜枚举。

6.2.10.4　源系统序列业务键

在任何数据仓库或分析系统接收的源数据中，源系统序列驱动的业务键占 98%。交易 ID、电子邮件 ID 或一些非结构化数据集（如文档 ID），都包含代理词。理论上，这些序列应该永远不会改变，一旦建立和分配，就应该代表相同的数据。

也就是说，运营系统中存在的最大问题是分析解决一直被要求解决的问题，即如何整合（或掌握）数据集，将数据集在各个业务流程中结合起来，并使在整个业务生命周期中被赋予多个序列业务键的数据变得有意义。

这方面的一个例子可能是客户账户。SAP 中的客户账户可能与 Oracle 财务系统或其他客户关系管理（CRM）或企业资源规划（ERP）解决方案中的客户账户含义相同。一般来说，当数据从 SAP 传递到 Oracle 财务系统时，负责接收的 OLTP 应用程序会分配一个新的"业务键"或代理序列 ID。它仍然是同一个客户账户，但是，同一个数据集现在有一个新的键。

问题就变成了这样：如何把记录重新组合起来？这是一个主数据管理（MDM）问题，只要有了 MDM 解决方案（包括良好的治理和优秀的人员），就可以用深度学习和神经网络来解决和近似。即使是对"相似属性"的统计分析，也能在误差范围内检测出"应该"相同但包含不同键的多个记录。

这个业务问题延续到数据仓库和分析解决方案中，通常是因为数据仓库上游没有实施主数据管理方案。因此，为了把看似"一个版本的客户记录"拼凑起来，而不是双倍或三倍计算，就会应用算法把这些键桥接在一起。

在数据保险箱中，我们称其为分层或同构链接：如果代表的是多层次的层次结构，则为分层；如果是单层次（父到子重映射）的项，则为同构。

将这些序列号作为业务键放在中心表中有以下问题：

❑ 它们是没有意义的——如果不及时检查细节，则无法确定（语境上的）键的含义。

❑ 它们可以改变——经常是这样，即使是像源系统升级这样简单的事情，也会导致历史数据的可追溯性严重丧失。如果没有"旧键"到"新键"的图谱，就没有明确的可追溯性。

❑ 它们可能发生冲突。尽管从概念上讲，整个业务有一个称为"客户账户"的要素，但在不同的实例中，可能为不同的客户账户分配相同的 ID 序列。在这种情况下，它们绝对不应该被合并。一个例子是两个不同的 SAP 实施：一个在日本，一个在加拿大，每个都分配了客户 ID #1。然而，在日本的系统中，#1 代表"Joe Johnson"；而在加拿大的系统中，#1 代表"Margarite Smith"。在分析中，你最不希望看到的就是把这两条记录"合并"起来做报告，只因为它们有相同的代理 ID。

如果选择利用数据保险箱序列号作为中心表，而源系统业务键是代理的，就会产生另外一个问题：为什么要对原始业务键进行"重键"或"重新编号"？为什么不直接使用原来的业务键（顺便说一下，这是原始中心表的定义方式）？

为了避免冲突（如上面的例子中提出的），无论是选择代理序列、哈希键还是源业务键作为中心结构，都必须添加另一个元素。这个辅助元素确保代理业务键的唯一性。这里的最佳实践之一是分配地理代码，例如，JAP 代表来自日本 SAP 实例的任何客户账户 ID，CAN 代表来自加拿大 SAP 实例的任何客户账户 ID。

6.2.10.5 复合源业务键

如上所述，使用地理代码会带来另一个问题。如果仅根据源系统业务键（而不是代理序列或哈希键）来创建中心表，那么增加地理代码分割后，模型必须用复合业务键来设计和构建。

复合业务键的问题在于连接的性能。许多数学测试和量化结果一再表明，多字段连接标准比单字段连接标准要慢。只有在大批量或大数据解决方案中，才会少"慢"一些。此时，数据库中的哈希键或代理序列可能会比多字段连接更快，因为它将连接还原为单字段值。

另一种选择是将多字段值串接在一起，从而形成某种程度上的智能键，可以有定界符，也可以没有定界符。这取决于业务希望如何定义一套标准来串接多字段值（即所需的规则，就像定义智能键所需的规则一样）。

在选择复合业务键时，最后需要注意的是合并或连接字段的长度。如果连接字段的长度比哈希结果或代理序列 ID 的长度长，那么连接的执行速度会比在较短字段上的连接慢。提醒一下，这些性能上的差异通常只能在大型数据集（500M 或 10 亿条记录以上）中看到。硬件已经并将继续进步，以至于在小数据集上能表现出良好的性能。在小数据集中，根本没有足够的差异，无法对中心表的"主键"选择做出明智的决定。

最终的建议是，将源数据方案重新键化，并在"前期"增加一个智能键，它可以携带数据跨实例、跨业务流程、跨升级、跨主数据、跨混合环境，并且永不改变。这样做可以集中并缓解"主数据"的痛苦和成本，也可以更容易地使用虚拟化引擎。之后可能不需要复杂的分析、神经网络或机器学习算法来将这些数据集绑在一起。

事实上，根据一项估计，企业在仓库中"解决"重新键化问题的花费，是在源应用程序中解决这个问题的花费的 7 倍。在数据仓库中解决问题是技术债务的一种形式（引用和指标转述自诺尔斯·埃伯索恩）。

如果源系统不能重键，或者源系统不能增加一个"智能"的语境化键，则建议在上游实施主数据管理。如果不能实施 MDM，则建议利用源系统业务键（除非有复合业务键）——在这种情况下，哈希是基础级默认建议。

6.3 数据保险箱架构简介

6.3.1 什么是数据保险箱 2.0 架构

数据保险箱架构是基于三层数据仓库架构的。这三层通常为暂存或落地区、数据仓库和信息传递层（或数据集市）。

多层架构允许实施者和设计者将企业数据仓库与采购和获取功能以及信息交付和数据提供功能解耦。反过来，团队变得更加灵活；架构对故障的适应能力更强，对变化的反应更加灵活（图 6.3.1）。

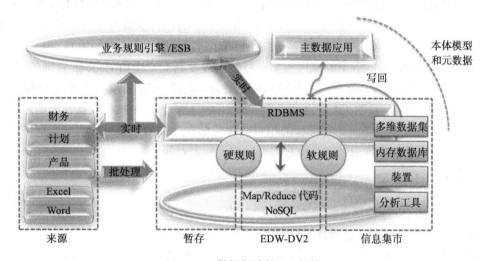

图 6.3.1 数据保险箱 2.0 架构

图中包括暂存、EDW 和信息集市或信息传递层。无论采用何种平台和技术来实施，这些层将继续存在。然而，随着系统接近完全实时启用，对暂存区的需求和依赖性将下降。真正的实时数据将直接进入 EDW 层。

除了三层外，数据保险箱 2.0 架构还规定了几个不同的组件：

❑ 使用 Hadoop 或 NoSQL 来处理大数据。

❑ 实时信息在商业智能生态系统中流入和流出的本质；反过来，随着时间的推移，这也将 EDW 变成了可操作的数据仓库。

❑ 通过写回和主数据功能使用管理型自助商业智能，也支持 TQM。

❑ 拆分硬业务规则和软业务规则，使企业数据仓库成为一个长期加载原始事实的记录系统。

6.3.2 如何将 NoSQL 融入架构

NoSQL 平台的实现会有所不同。有些将包含类似 SQL 的接口，有些将包含关系型数据库技术与非关系型技术的集成，两者（RDBMS 和 NoSQL）之间的界限将继续模糊。最终，它将成为一个"数据管理系统"，仅仅通过设计就能够容纳关系型和非关系型数据。

今天的 NoSQL 平台，在大多数情况下，其核心是基于 Hadoop 的——由 Hadoop 分布式文件系统（HDFS）或不同目录中文件的元数据管理组成。SQL访问层和在内存技术的各种实现将位于HDFS之上。

一旦实现了原子性、一致性、隔离性和持久性（ACID）的兼容性（如今一些NoSQL厂商已经可以实现），RDBMS和NoSQL之间的差异化将逐渐消失。需要注意的是，目前并不是所有的Hadoop或NoSQL平台都提供ACID兼容性，也不是所有的NoSQL平台都提供更新记录的功能，因此不可能完全取代RDBMS技术。

这种情况变化很快，即使在写这一节的时候，技术也在不断进步。最终，这种技术将是无缝的，在这一领域，从供应商那里购买的将是混合型产品。

目前对Hadoop这样的平台的定位是将其作为所有可能进入仓库的数据的摄取区和暂存区。这包括结构化数据集（分隔文件和固定宽度的列文件）、多结构化数据集（如XML和JSON文件）以及非结构化数据（如Word文档、Excel、视频、音频和图像）。

将文件摄取到Hadoop中的原因很简单：把文件复制到一个由Hadoop管理的目录中。正是从这一点出发，Hadoop将文件分割到它注册为其集群一部分的多个节点或机器上。

Hadoop的第二个目的（或者说今天的最佳实践）是将其作为执行数据挖掘的地方，利用SAS、R或者文本挖掘。挖掘工作的结果往往是结构化的数据集，这些数据集可以而且应该被复制到关系数据库引擎中，使它们可以用于特定查询。

6.3.3 数据保险箱2.0架构的目标

数据保险箱2.0架构的目标如下：

❏ 将现有的关系型数据库系统与新的NoSQL平台无缝连接。

❏ 让业务用户参与进来，为管理型自助商业智能提供空间（写回和直接控制数据仓库中的数据）。

❏ 提供直接到达数据仓库环境的实时性，而不强行登陆暂存表。

❏ 通过将不断变化的业务规则与静态数据对齐规则解耦，实现敏捷开发。

该架构在分离责任、将数据获取与数据供应隔离中起着关键作用。通过分离责任，并将不断变化的业务规则推向更接近业务用户的地方，实现了实施团队的敏捷性。

6.3.4 数据保险箱2.0模型的目标

模型的目标是提供无缝的平台集成，或者至少通过设计使其可用和可能。其设计中包括几个基本要素。第一个是数据保险箱2.0模型中哈希键的使用（以取代代理键作为主键）。哈希键允许跨异构平台实现并行解耦加载实践。在本章的实现和建模部分介绍和讨论了哈希键和加载过程。

也就是说，哈希键提供了两个环境之间的连接，允许在可能的情况下进行跨系统连接。跨系统连接的性能将取决于所选择的NoSQL平台和下面的硬件基础设施。图6.3.2是一个在关系型DBMS和Hadoop存储的附属表之间提供逻辑外键的数据模型示例。

换句话说，这个想法是让企业通过添加一个NoSQL平台来增强当前的基础设施，同时保留现有的RDBMS引擎的价值和使用，包括其中已经包含的所有历史数据。

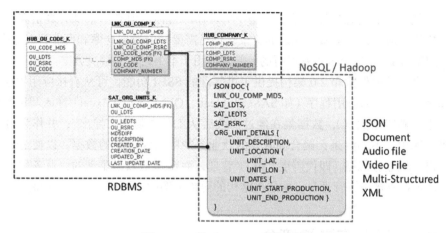

图 6.3.2 基于 Hadoop 的附属表

6.3.5 硬业务规则和软业务规则

业务规则是将需求转化为代码。代码对数据进行操作，并在某些情况下将数据转化为信息。BI 的数据保险箱 2.0 系统的一部分是实现敏捷性（本章方法论部分将详细介绍）。通过将业务规则分成两组不同的规则——硬规则和软规则来实现敏捷性（图 6.3.3）。

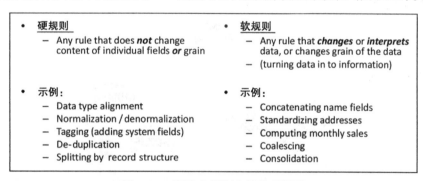

图 6.3.3 硬业务规则和软业务规则

这个想法是将数据解释与数据存储和对齐规则分开。通过解耦这些规则，可以让团队越来越敏捷。同时，还可以为业务用户授权，使商业智能解决方案向管理型自助 BI 发展。

除此之外，基于数据保险箱 2.0 的数据仓库承载的是原始数据，处于非一致性状态。这些数据与被称为业务键的业务构造相一致（在本章的数据保险箱建模一节中定义）。

通过业务键整合的原始数据可以作为通过审计的基础，特别是在数据集不符合格式的情况下。数据保险箱 2.0 模型的理念是提供基于数据仓库的原始数据存储，以便在必要时（由于审计或其他需要），团队可以重新构建或重新装配源系统数据。

这又使得基于数据保险箱 2.0 的数据仓库成为一个记录系统。主要是因为在对源系统的数据进行仓储后，这些系统要么被关闭，要么被更新的源系统所取代。换句话说，数据保险箱 2.0 数据仓库成为唯一可以找到按业务键整合的原始历史记录的地方。

6.3.6 如何将管理型自助 BI 融入架构

首先，要明白自助 BI 本身就是一个误区。它是 20 世纪 90 年代在市场上出现的联合查询引擎，也就是企业信息集成。虽然这是一个宏伟的目标，但它从来没有真正克服厂商宣传的技术挑战。最终，为了做出准确的决策，仍然需要一个数据仓库和商业智能生态系统。因此，管理型自助 BI 这个术语是可行的，并且适用于本书讨论的解决方案。

也就是说，数据保险箱 2.0 架构提供了可管理的 SSBI 功能，可从直接应用程序（位于数据仓库之上）或外部应用程序（如 SAS、Tableau、QlikView 和 Excel）注入写回数据（在多个层面上重新吸收数据），数据集在经过修改后从工具中物理"导出"，并作为另一个来源反馈到仓库中。不同的是，聚合和其余的软业务规则依赖于新的数据，以便为业务组装适当的输出。软业务规则（即代码层）由 IT 管理，而流程是数据驱动的，业务用来管理数据。在允许企业直接访问管理自己的层次结构的简单示例中，可以找到一个示例。

6.4　数据保险箱方法论简介

6.4.1　数据保险箱 2.0 方法论概述

数据保险箱 2.0 标准为项目执行提供了一个最佳实践，被称为"数据保险箱 2.0 方法论"。它源于核心软件工程标准，并对其进行了调整，以便在数据仓库中使用。图 6.4.1 显示了影响数据保险箱 2.0 方法论的标准。

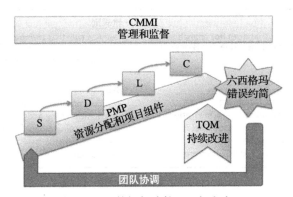

图 6.4.1　数据保险箱 2.0 方法论

数据保险箱项目的方法论是基于从规范的敏捷交付（DAD）、自动化和优化原则（CMMI、KPA 和 KPI）、六西格玛错误跟踪和约简原则、精益过程和缩短周期时间原则中提取的最佳实践。

此外，数据保险箱方法论还考虑了管理型自助 BI 的概念。本章数据保险箱 2.0 架构一节介绍了管理型自助商业智能的概念。

该方法论的理念是为团队提供当前的工作实践和布局合理的 IT 流程，以可重复的方式可靠而快速地构建数据仓库系统（商业智能系统）。

6.4.2　CMMI 对方法论的贡献

卡内基·梅隆大学的能力成熟度模型集成（CMMI）包含管理、测量和优化的基础。这些内容在关键流程领域（KPA）和关键性能指标（KPI）的层面上应用于该方法论。这些部分对于理解和定义什么是业务流程是必要的，并且应该围绕商业智能扩展的实施和生命周期进行。

构建商业智能解决方案的业务应当是成熟的。为了完成这些目标，实施团队必须首先接受商业智能系统是一个软件产品的事实。因此，软件开发生命周期（SDLC）的组成部分，以及管理、识别、测量和优化的最佳实践必须得到应用——特别是如果团队要拥有并保持未来的敏捷性。图 6.4.2 展示了 CMMI 级别如何映射到数据保险箱 2.0 方法论。这不是一个完整的映射，只是整个映射的一部分。

	数据保险箱2.0方法论
级别1——最初的混乱	不适用
级别2——管理	预定义文件模板 实施标准 基于架构的模式
级别3——定义	定义项目流程
级别4——定量管理	评估和实际捕获数据 测量生产时间 测量复杂性 测量缺陷
级别5——优化	自动化工具 快速交付 降低成本 并行团队

图 6.4.2　CMMI 映射到数据保险箱 2.0

CMMI 的最终目标是优化。如果没有度量（定量测量）或 KPI，优化是无法实现的。这些 KPI 的实现离不开 KPA，也离不开对要测量的关键领域的定义。当然，如果不先对项目进行管理，这些 KPI 是无法实现的。

通往敏捷性的道路是由指标和定义明确／理解透彻的业务流程铺就的。数据保险箱 2.0 方法论依赖于 CMMI 的必要组成部分，以建立一个坚实的基础，在此基础上建立企业商业智能系统并使之自动化。

退一步讲，下面是对 CMMI 的关注点的简化定义：

在 CMMI 中，流程管理是核心主题。它代表学习和诚实，通过按照流程进行工作来体现。流程还通过交流如何完成工作来实现透明度。这种透明度体现在项目内部、项目之间，以及对期望值的明确中。此外，度量也是过程和产品管理的一部分，并为做出指导产品开发的决策提供所需信息。参见 http://resources.sei.cmu.edu/asset_files/TechnicalNote/2008_004_001_14924.pdf Page 17。

CMMI 为流程带来了一致性，还带来了可管理性、文件和成本控制。CMMI 帮助项目人员在执行项目时考虑到特定的质量指标。它还通过识别每个商业智能系统中必须发生的共同过程来协助测量这些指标。

CMMI 提供了操作的框架。实施数据保险箱 2.0 方法论的团队继承了 CMMI 5 级规范的最佳部分，并能成功投入使用。为什么这样说呢？因为数据保险箱 2.0 方法论提供了透明度，定义了许多 KPA 和 KPI，并且通过分配在实施阶段使用的基于模板的预定义可交付成果来丰富项目过程。

透明度在数据保险箱 2.0 项目中以不同的方式被实施：对团队的第一个建议是建立一个公司内部的 wiki，这个 wiki 可以覆盖公司的所有员工（包括高管）。所有的会议、模型、模板、设计、元数据和文档都应该记录在 wiki 中。

wiki 应该由团队的不同成员每天至少更新一次（如果不是更多次的话）。在新项目启动时，更新的次数会比生命周期中的任何其他时间都多。这应该体现与业务用户的沟通水平（这在敏捷 /Scrum 中尤为强调）。

第二个组成部分是业务需求会议的记录。所有业务需求会议的"时间"都可以缩短，如果利用 MP3 录音机记录会议，需求的质量就会提高。音频文件应该提交到 wiki 上，这样团队成员（如果不在办公室）可以在必要时追溯参加或审查。

这将使业务需求会议变得更加敏捷。这些会议中的噪音制造者往往会在记录时保持安静，除非他们有重大贡献，或者会影响项目目标的结果。请注意，关于如何以及为什么这样做的其余解释超出了本书的范围，参见 http://LearnDataVault.com。

6.4.3　如果 CMMI 这么好，为什么还要关心敏捷性

敏捷和 Scrum 或有纪律的敏捷交付（DAD）对于管理需要发生的单个冲刺周期或迷你项目仍然是必要的。CMMI 管理整个企业的目标，并为企业范围内的工作提供基线的一致性——所以 IT 部门的每个人都意见一致（至少是参与 BI 项目的人）。

敏捷的实施应与组织的实际成熟度水平相匹配，然而，当一个组织处于 CMMI 级别 3 时，实施敏捷可以减少返工，并改善整个 CMMI 计划，同时提供敏捷的显著优势。实施符合 CMMI 标准的软件开发流程，同时也是敏捷的流程，这将带来 CMMI 所提供的可重复性和可预测性。敏捷在设计上具有高度的适应性，因此可以在不改变"敏捷宣言"所规定的主要目标的情况下，将其塑造成一个符合 CMMI 标准的软件开发流程。参见 https://www.scrumalliance.org/community/articles/2008/july/agile-andcmmi-better-together。

请记住，团队不会在某一天醒来就当场决定要敏捷。这是一个进化的过程，团队必须接受敏捷和数据保险箱 2.0 方法论的培训，以实现预期的目标。大多数接受数据保险箱 2.0 培训的团队都是从 7 周的冲刺周期开始的（如果他们之前没有接触过 CMMI 和敏捷）。

通常情况下，第二个冲刺周期会将 7 周减少到 6 周。第三次（如果团队认真工作，衡量他们的生产力，并遵循敏捷和 Scrum 审查流程）可以看到冲刺周期下降到 4 周左右。从那以后，随着团队的进步，很容易提高到 2 周。目前，有一个团队在实施数据保险箱 2.0 方法论，试图实现 1 周的冲刺周期。流程的优化似乎并没有遇到瓶颈。

但提醒一下，这些流程的优化从何而来？ CMMI 与构建数据仓库的 KPA 和 KPI 直接相关，它与可重复的设计、基于模式的数据集成、基于模式的模型，以及基于模式的商业智能构建周期也有关系。这就是数据保险箱 2.0 方法论的价值——它从一开始就提供了模式，让团队在正确的方向上启动。

6.4.4　如果有 CMMI 和敏捷就足够了，为什么要加入 PMP 和 SDLC

CMMI 并没有描述如何实现这些目标，它只是描述了应该到位的内容。敏捷并没有描述你需要什么，而是描述如何管理人员和生命周期。项目和软件开发生命周期（SLDC）组件是下一步的必要条件：基于模式的开发和交付。下一块拼图来自项目管理专业人员（PMP）和 SLDC。PMP 为常见的项目最佳实践奠定了项目基础。

虽然团队最终努力做到敏捷，但在某种程度上，必须坚持瀑布项目实践。否则，一个

项目就无法在其生命周期中进展到完成。

根据项目管理知识体系（PMBOK）指南：

项目管理框架体现了项目生命周期和五个主要项目管理过程组：

- ❏ 启动
- ❏ 计划
- ❏ 执行
- ❏ 监控和控制
- ❏ 关闭

参见 http://encyclopedia.thefreedictionary.com/Project+Management+Professional。

不同的是，这个"生命周期"现在被分配到一个 2 周的冲刺中，由 DAD 监督这个过程。

这如何与数据保险箱 2.0 方法相匹配？首先是主项目——整个企业范围的整体愿景。这通常包括多年的大规模工作（对于大型企业）。然后，这些项目通常被分解成子项目（应该如此），并在 6 个月的时间框架内列出目标和目的。

然后，子项目应该被分解成 2 周的冲刺周期（以满足敏捷需求）。我们的想法是，不要让项目层次变得头重脚轻，满脑子都是规划，而是作为企业商业智能解决方案需要提供的从头到尾的整体指导或路线图。

最后，项目经理应该牢牢把握自己管理的是什么（CMMI），如何管理人员（敏捷 / Scrum/DAD），为了完成企业的目标和宗旨应如何安排冲刺，以及如何衡量流程中特定部分的成功与失败。否则，如果没有事后总结或衡量，那么就没有改进和优化的空间。

6.4.5 六西格玛对方法论的贡献

六西格玛被定义为：

六西格玛旨在通过识别和消除缺陷（错误）的原因，并最大限度地减少制造和业务流程中的变异性，来提高流程产出的质量。它使用一套质量管理方法，包括统计方法，并在组织内建立一个由精通这些方法的人员组成的特殊基础设施（"冠军""黑带""绿带""黄带"等）。参见 http://en.wikipedia.org/wiki/Six_Sigma。

对于企业 BI 项目的解读，六西格玛就是要衡量和消除困扰企业仓库构建过程的缺陷。数据保险箱 2.0 方法论将六西格玛学派的思想附着在每个冲刺的生命周期中所捕捉到的指标上（即 KPI 和 Scrum 审查过程——什么东西坏了，为什么坏了，我们如何修复它）。

为了达到企业商业智能举措的全面优化（或全面成熟），所有小型项目或小型冲刺也必须达到全面优化。否则，组织无法达到 CMMI 级别 5。数据保险箱 2.0 方法论概述了（在某些层面上的细节）如何将这些组件联系起来。

一旦团队明白所有的工作都是被测量、监控并最终优化的，那么六西格玛数学就可以为企业提供一个信心评级——显示企业 BI 团队及其整体进展的改进（或不改进）。这只是总拥有成本（TCO）性质的一部分，在提高企业投资回报率（ROI）的同时降低 TCO。

数据保险箱 2.0 方法论提供了模式、工件和可重复的流程，用于有效地以衡量和应用的方式构建企业 BI 解决方案。六西格玛力求协助优化团队，优化实施方法，以简化敏捷性，提高整体质量。换句话说，如果没有六西格玛，"更好、更快、更便宜"这句话就无法适用于商业智能项目。

6.4.6 TQM 与方法论的关系

全面质量管理（TQM）是数据保险箱方法论中的精华。为了使企业 BI 解决方案的"运动部件"保持良好的润滑和平稳运行，TQM 是必要的。TQM 是锦上添花，它在数据保险箱 2.0 方法论中扮演着几个角色，下面将对这些角色进行简单介绍和讨论。为了更好地理解 TQM，需要给它下一个定义：

TQM 包括在整个组织范围内努力营造氛围并使之成为一种永久的氛围，在这种氛围中，组织不断提高其向客户提供高质量产品和服务的能力。参见 http://en.wikipedia.org/wiki/Total_quality_management。

数据保险箱 2.0 方法论结合并统一了 TQM 的目标和功能，目的是生产更好、更快、更便宜的商业智能解决方案。事实上，很难想象以企业为中心的项目会以其他方式运行。TQM 提供了一个与业务用户和企业 BI 项目努力提供的可交付成果一致的观点。TQM 背后的一些基本元素包括（参见 http://asq.org/learn-about-quality/total-quality-management/overview/overview.html）：

- ❏ 以客户为中心
- ❏ 员工的总参与度（在企业 BI 团队和业务用户的范围内）
- ❏ 以流程为中心
- ❏ 集成系统
- ❏ 战略性和系统性方法
- ❏ 持续改善
- ❏ 基于事实的决策
- ❏ 沟通

显然，TQM 在数据仓库和 BI 项目的成功中起着至关重要的作用。TQM 与 CMMI、六西格玛、敏捷 /Scrum 和 DAD 的预期结果是一致的（如前所述）。

数据保险箱 2.0 方法论以流程为中心，提供了一个整合系统，是一种战略性和系统性的方法，需要全员参与，以客户为中心，并依赖于透明度和沟通。数据保险箱 2.0 模型带来了基于事实的决策，而不是基于"真相"或主观的决策。另一部分基于事实的决策受到企业 BI 项目中收集的 KPA 和 KPI 的影响（别忘了，这些都是 CMMI 级别 5 中优化步骤的一部分）。

事实证明，问责制（包括对整个系统和数据仓库中的数据）也是 TQM 的必要组成部分。这怎么可能呢？ TQM 是以客户为中心的，客户（在这里是指企业用户）需要"站起来"，对他们的数据（不是他们的信息，而是他们的数据）拥有所有权。

这些数据在组织中唯一以原始形式存在的地方被业务键整合在数据保险箱 2.0 数据仓库中。恰恰是这种对事实的理解，吸引了业务用户对六西格玛指标的关注——定量地展示了业务对运营的认知，与业务对数据采集的实际情况在一段时间内的差距。

通过向源系统提出变更请求或与源数据提供商重新谈判 SLA 来解决这些差距，是 TQM 过程的一部分，也是降低 TCO 和提高整个企业数据质量的一部分。只有当业务用户被迫对自己的数据负责，并决定通过利用统计数据来进行差距分析（老式的方式），显示他们当前的业务认知（业务需求）在哪里被打破，以及打破的比例是多少，TQM 才能在丰富 BI 生态系统方面发挥作用。DV2 方法论在项目中提供了团队和业务用户可以遵循的路径，以实现这些结果。

如果企业不采取行动弥补差距，TQM 就会消解为简单的数据质量举措，而不会对降低 TCO 战略做出那么大的贡献。提高数据质量和了解存在的差距对企业 BI 解决方案的整体成功和未来至关重要。

6.5　数据保险箱实施简介

6.5.1　实施概述

BI 的数据保险箱系统提供了作为标准的实施指南、规则和建议。正如本章前几节所指出的，定义明确的标准和模式是敏捷、CMMI、六西格玛和 TQM 原则成功的关键。这些标准指导如下的实施：

- ❏ 数据模型、查找业务键、设计实体和应用键结构
- ❏ ETL/ELT 加载过程
- ❏ 实时消息馈入
- ❏ 信息集市交付流程
- ❏ 信息集市的虚拟化
- ❏ 自动化最佳实践
- ❏ 软 / 硬业务规则
- ❏ 管理型自助 BI 的写回能力

通过工作实践管理实施的一些目标包括：满足 TQM 的需求，接受主数据，以及协助在业务、源系统和企业数据仓库之间进行协调。

在进一步探讨之前，我们有必要了解，只有当流程、设计和实施都是基于模式和数据驱动的时候，才能达到最高的优化水平。

6.5.2　模式的重要性

模式是针对当前情境中的问题的可重复利用的解决方案。

——Christopher Alexander

模式让生活更简单。在企业 BI 的世界中，模式可以实现自动化和生成，同时减少错误和错误的可能性。模式是商业智能的数据保险箱 2.0 系统的核心。一旦团队接受了构建数据仓库或 BI 系统与构建软件相同的原则，就可以将这一思想扩展到模式驱动的设计中。

想一想，IT 团队有多少次说过"需要一种模式来加载历史记录，一种模式来加载当前记录，另一种模式来实时加载数据。"其他团队也有这样的说法："数据模型的这一部分因为这些原因而工作，而数据模型的另一部分因为设计规则的例外而以不同的方式构建。"这在很大程度上促成了通常所说的条件架构。

条件架构的定义是：通常基于 IF 条件，只对特定情况有效的模式。当案例改变（比如体积、速度或种类）边界时，架构需要改变。因此，条件架构应运而生。

条件架构是构建 / 设计企业 BI 解决方案的一种可怕的方式。原因是当数量增长和时间线（速度变化）收缩时，就会进行重新设计，以纠正或修正设计。这将导致解决方案继续花

费越来越多的钱，并且需要越来越长的时间来改变。换句话说，随着时间的推移，它会导致一个脆弱的架构。这是一个非常糟糕的构造（尤其是在大数据解决方案中）。

在某些时候，企业不能或无法支付重新设计的费用。这时通常会将解决方案拆掉重建（绿地方式）。通过数据保险箱 2.0 的模式（包括架构和实现），在数量增长、速度变化、种类增加的情况下，98% 的情况下都可以避免重新架构和重新设计。

拥有正确的基于数学原理的模式或设计，意味着团队不再因为需求的变化而遭受重新设计的厄运。

6.5.3 为什么重新设计会因大数据而发生

再造工程 / 重新设计 / 重新架构的发生是因为大数据推动了图 6.5.1 中四个可用轴中的三个。更多的处理需要在越来越小的时间范围内进行，这就需要一个高度优化的设计。更多的种类需要在更小的时间框架内进行处理，这也需要一个高度优化的设计。最后，需要在更小的时间框架内处理的数量更多，这同样需要一个高度优化的设计。

幸运的是，对于社区来说，有一组有限的工艺设计已经被证明可以在不同规模上工作，通过利用 MPP、无标度数学和集合逻辑，这些设计既可以用于小批量，也可以用于极大规模，而无须重新设计。

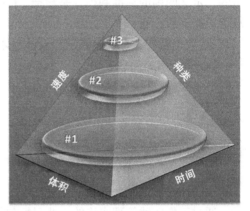

图 6.5.1　架构的改变与再造

图 6.5.1 包含四个轴标签：速度、体积、时间和种类。在这个图中，速度是指数据到达的速度（即到达的延迟）；体积是指数据的整体大小（到达仓库时）；种类被定义为数据的结构性、半结构性、多结构性或非结构性分类；时间是指完成给定任务（如加载到数据仓库）的分配时间框架。我们来研究一个案例，看看这如何影响再造甚至条件架构。

场景 #1：每 24 小时有 10 行数据到达，数据是高度结构化的（tab 分隔和固定列数）。要求在 6 小时的窗口内将数据加载到数据仓库。问题如下：为了完成这个任务，可以把多少种不同的架构或流程设计放在一起？为了便于论证，假设有 100 种可能（即使是用手打入数据或将数据打入 Excel，然后加载到数据库中）。

该团队选择的设计是将其手动输入到 SQL 提示中，作为"插入"语句。

现在，参数更改如下。

场景 #2：1 000 000 行数据，每 24 小时到达一次，数据是高度结构化的（tab 分隔，固定列数）。要求在 4 小时的窗口内加载数据仓库。问题如下：团队能否使用同样的"流程设计"来完成任务？

答案很可能是否定的。团队必须重新设计、重新架构流程设计，才能在规定的时间内完成任务。那么，重新设计就完成了。团队现在部署一个 ETL 工具，并引入加载数据集的逻辑。

场景 #3：10 亿行数据，每 45 分钟到达一次，数据是高度结构化的。要求在 40 分钟的时间内完成数据仓库的加载（否则传入数据的队列就会倒退）。问题是同样的：为了完成这个任务，团队能不能用刚才的"流程设计"？团队能不重新设计就执行吗？

同样，最可能的答案是否定的。团队必须重新设计流程，因为它不符合服务水平协议（需求）。这种类型的重新设计一次又一次地发生，直到团队达到 CMMI 级别 5 模式的优化状态。

问题是，金字塔上任何一个轴的任何重大变化都会导致重新设计的发生。唯一的解决方法是在数学上找到正确的解决方案，即无论时间、体积、速度或种类如何变化都会进行扩展的正确的设计。不幸的是，这导致了这些试图处理（不成功）大数据问题的不可持续的系统。

数据保险箱 2.0 的实施标准将这些设计交给了 BI 解决方案团队，而不管下面的技术是什么。这些实施或模式被应用于处理数据集规模化的设计。它们基于规模化和简单化的数学原理，包括集合逻辑、并行和分区的一些基本原理。

参与数据保险箱 2.0 实施最佳实践的团队继承了这些设计，作为大数据系统的人工制品。通过利用这些模式，团队不再因为一个或多个轴 / 参数的变化而遭受重新架构或重新设计之苦。

6.5.4 为什么需要虚拟数据集市

它们不应该再被称为数据集市——它们为企业提供信息，它们应该被称为信息集市。数据、信息、知识和智慧之间存在着分裂，商业智能界应该认识到这一点。

虚拟化对很多人来说意味着很多东西，在这种情况下，它们被定义为视图驱动——无论它们是否在关系或非关系技术中实现。视图是在物理数据存储之上的数据（大多是结构化的）的逻辑集合。请注意，它可能不是关系表了，它可能是一个键值对存储，也可能是放在 Hadoop 中的一个非关系文件。

可以应用的虚拟化（或视图）越多，IT 团队对变化的反应就越快、越灵敏。换句话说，更少的物理存储意味着更少的物理管理和维护成本。这也意味着 IT 部门在实施、测试和将变更发布回业务上的反应时间更快。

6.5.5 什么是管理型自助 BI

不幸的是，市场上有一个叫作自助 BI 的术语。那是在 20 世纪 90 年代，它应用于联合查询引擎，也称为企业信息集成（EII）。这种引擎的目的和用途已经演变为云和虚拟化领域。

在 20 世纪 90 年代，（这些供应商）的营销声明如下："你不需要数据仓库。"业界和厂商都了解到，这根本不是一个真实的说法。当时不是这样，现在当然也不是这样。数据仓库（和商业智能系统）对企业的重要性不亚于运营系统，因为企业仓库捕捉到了历史信息的整合视图，可以跨多个系统进行差距分析。

如果你给孩子一堆手指画颜料（没有经过任何训练，也没有任何指导），会不会让他们成为艺术大师，或者他们只是大闹一场？

如果教孩子如何用手指画画、在哪里画画，然后提供一些纸和颜料，他们有可能会在纸上画画，而不是在自己身上画画。IT 希望业务成功，IT 应该是一个推动者，帮助整合合适的颜料以获得正确的颜色，并提供纸张以及如何获取信息的基本指导（图 6.5.2）。

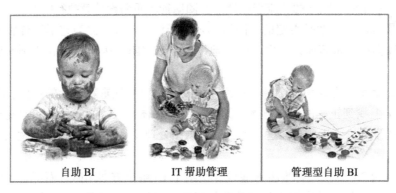

| 自助 BI | IT 帮助管理 | 管理型自助 BI |

图 6.5.2   管理型自助 BI

市场意识到的是，为了准备数据，将其转化为信息并使其为企业所用，仍然需要 IT。还需要 IT 来保护数据的安全，必要时提供访问路径和加密信息。最后，需要 IT 部门将数据组装起来，并将历史数据整合到企业数据仓库中。最后，管理型自助商业智能是必要的，因为 IT 必须管理信息和被业务用户利用的系统。

数据保险箱 2.0 为了解如何在企业项目中正确实施托管的 SSBI 提供了基础，涵盖实现最佳目标的标准和最佳实践。

第 7 章

运 营 数 据

7.1 运营环境简史

计算机专业是不成熟的。这并不是对 IT 和计算机的贬低，而只是一个事实。当你把 IT 和其他专业进行比较时，这并不是什么争论。我们今天使用的罗马街道，是 2000 年前的工程师布置的。埃及金字塔里的象形文字，大部分是一些会计在记录欠法老多少粮食。在智利的山区发现了估计有 1 万年历史的头骨，这说明至少在很久以前就有了早期的医学形式。

所以，当你把 IT 专业与工程、会计、医学专业相比时，那是无法比较的。与其他行业相比，IT 行业在历史上是非常不成熟的。这是一个无可辩驳的历史事实。

最早使用计算机是在第二次世界大战中用于计算军事事务。军方最早使用计算机计算炮弹的弹道和落地区。

7.1.1 计算机的商业用途

计算机的商业用途大约始于 20 世纪 60 年代。而从那时起，计算机的商业用途一直在增长和进步。

计算机的早期是（理所当然地）围绕着早期技术展开的。最早的时候是纸带、有线板，然后是打孔卡。当时的语言是汇编器。人们很快就认识到，试图对汇编语言进行编码和调试将是一个漫长而艰巨的过程。不久，出现了更复杂的语言，如 COBOL 和 Fortran。图 7.1.1 显示，早期人们对当时的技术很着迷。

很快，人们发现可以建立应用程序。早期的应用程序将原本烦琐的活动自动化。第一批应用程序围绕着人力资源、工资单和应付账款／应收账款展开。最早的应用是利用计算机来实现人类活动的自动化。

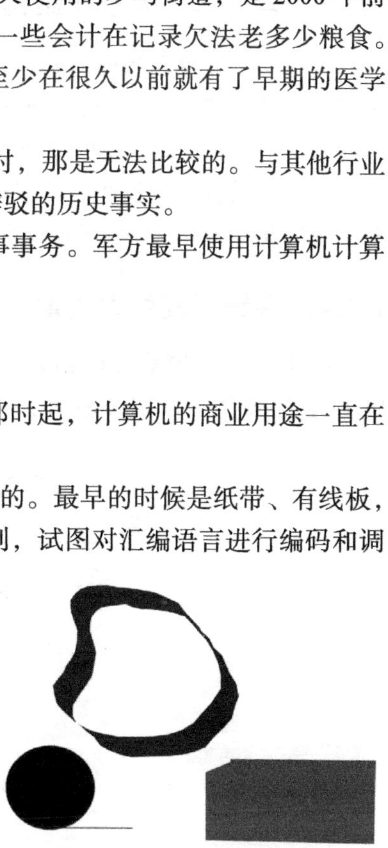

纸带，磁带，打孔卡

图 7.1.1　数据存储暂存的早期形式

7.1.2 首个应用

图 7.1.2 描述了第一批应用的出现。一旦组织发现他们可以编写应用程序，很快，应

用程序就开始遍地开花。在应用程序开发的最初阶段，编码实践至少可以说是非常不统一的。生产出来的代码非常难以维护，而且往往效率很低。在早期，没有标准的编码实践，每个人都"各干各的"，因此，产生的代码非常不稳定。图 7.1.3 说明了正在产生的许多新应用。

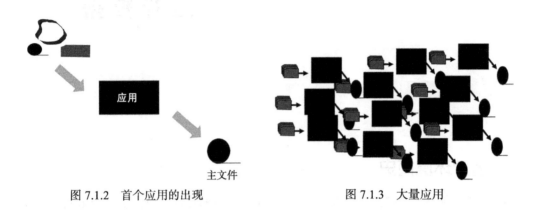

图 7.1.2　首个应用的出现　　　　　　　图 7.1.3　大量应用

7.1.3　爱德华·尤登和结构化革命

　　爱德华·尤登和汤姆·德马科加入了这个行列。爱德华·尤登认识到，在创建代码的过程中需要纪律，于是开始了所谓的"结构化"革命。爱德华从结构化编程开始，然后将他的系统创建纪律的理念扩展到一般设计原则。

　　于是，结构化编程和设计应运而生。鉴于当时的开发实践，爱德华·尤登提出了计算机系统的开发要有秩序和纪律的概念，做出了重大贡献。

7.1.4　系统开发生命周期

　　结构化革命的重要产物之一是系统开发生命周期（System Development Life Cycle，SDLC）的概念。图 7.1.4 显示了 SDLC。SDLC 有时被称为系统开发的"瀑布"方法。

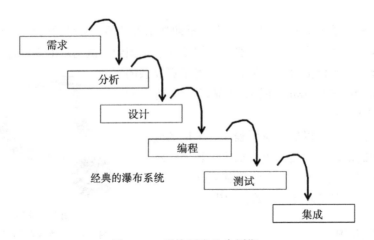

图 7.1.4　系统开发生命周期

7.1.5　磁盘技术

大约在系统结构化开发的时候，磁盘存储设备加入了这场竞争。有了磁盘存储设备，数据可以直接访问。在磁盘存储出现之前，数据一直存储在磁带文件上。尽管磁带文件可以存储很多数据，但磁带上的所有数据都必须按顺序访问。为了找到一条记录，你必须对整个文件进行处理。

此外，磁带文件对于数据的长期储存是不可靠的。随着时间的推移，磁带档案的氧化物被剥落，从而使档案无法使用。有了磁盘存储，可以直接访问数据。这意味着不再需要为了获取一条记录而访问整个文件。图 7.1.5 是磁盘存储设备的符号。

磁盘存储的最初迭代是昂贵和脆弱的。但随着时间的推移，磁盘文件的容量、成本和稳定性都有所提高。而且很快，应用程序就开始使用磁盘存储，而不是磁带文件。图 7.1.6 显示，建立的应用程序可以在磁盘存储上访问数据。

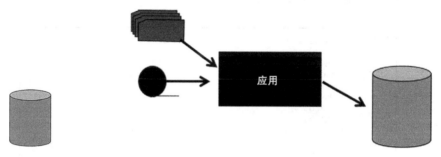

图 7.1.5　磁盘存储　　　　　　图 7.1.6　磁盘存储很快替代了磁带文件

7.1.6　关系数据库管理系统

应用程序是在被称为数据库管理系统（DBMS）的软件的帮助下建立的。DBMS 允许程序员专注于处理的逻辑。DBMS 侧重于存储在磁盘上的数据的放置和访问。

在 DBMS 出现后不久，人们就认识到，由于数据可以直接访问，而不是按顺序访问，因此可以建立一种新的应用程序——在线事务处理应用如图 7.1.7 所示。

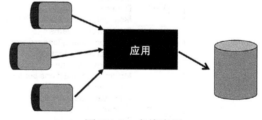

图 7.1.7　在线应用

在线事务处理应用的出现对商业产生了深远而持久的影响。企业第一次能够将计算机纳入企业的结构之中。在在线事务处理出现之前，计算机对企业也是有用的，但有了在线事务处理，计算机成为日常处理工作中必不可少的一个方面。

突然间，因为在线事务处理的普及，有了预约系统，有了银行柜员系统，有了 ATM 系统，有了更多不同类型的业务应用。

7.1.7　响应时间和可用性

随着计算机与业务的结合，出现了新的问题。现在，企业关心的是响应时间和可用性。响应时间对企业正常运作的能力至关重要。若计算机的响应时间不合理，业务将直接受到影响。当计算机出现故障或无法使用时，企业也会受到影响。

在在线事务处理系统出现之前，响应时间和可用性是理论上的课题，对企业来说只是一时的兴趣。但在在线事务处理系统面前，响应时间和可用性成为企业关注的核心问题。

由于响应时间和可用性的重要性的提高，技术上有了重大进步，操作系统、数据库管理系统和其他内部组件需要以前所未有的效率运行。图 7.1.8 显示了技术环境的日益复杂。

技术上有许多进步，这里列出了早期技术中一些比较突出的进步（图 7.1.9）。

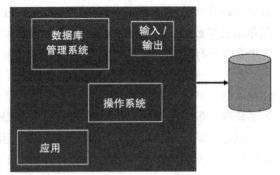

图 7.1.8   应用程序的基本组成部分

年代	技术	年代	技术
1960	Paper tape Wired boards COBOL, punched cards		
1965	Magnetic tape storage Structured analysis, design Waterfall SDLC	2005	DW 2.0 Big data Internet Hadoop
1970	IBM 360 HIPO chart Data flow diagram Crud chart	2010	Snowflake Cloud computing Visualization Textual ETL
1975	Functional decomposition PLI Disk storage Data base	2015	Textual analytics Taxonomies
1980	Data base management system Plug compatible computers Extract programs Personal computer		
1985	Spreadsheets Zachman framework 4GL technology		
1990	Data dictionary Maintenance backlog nightmare Spider web systems Data communications monitor		
1995	Transaction processing Standard work unit Maximum transactions per second MPP technology Data warehouse		
2000	Data marts Dimensional model ERP Dot com fad ETL		

图 7.1.9   历史视角下不同的技术、不同的方法、不同的潮流等

企业计算环境之所以有今天的成就，是许多进步的结果。在几乎每一种情况下，这些进步都是建立在彼此之上的。

7.1.8   今天的企业计算

今天的企业和技术世界是一个转型的世界。曾经，IT 部门做了一切可以想象到的与技术有关的事情，但现在，技术无处不在——在终端用户手中，在客户手中，在管理层的办公桌上……大部分计算正在迁移到云端，由专业的技术经理存储和处理数据。传统的 IT 职能已被降为"看守"职能，照顾老旧的运营系统。创新的技术应用的领导权直接掌握在终端用户手中。

7.2 标准工作单元

在线事务处理的核心是良好的响应时间。在线事务环境中的响应时间不是一个"好东西"，而是一个"必需品"。组织依靠其在线系统来运行日常业务。如果响应时间不合理，业务就会受到影响。因此，在在线事务处理的世界里，响应时间是绝对必要的。

7.2.1 响应时间的要素

实现良好的响应时间涉及很多方面。为了实现良好的响应时间，组织必须：
- ❏ 使用正确的技术。
- ❏ 有足够的能力。
- ❏ 了解通过系统的工作量。
- ❏ 了解正在处理的数据。

但是，有了这些还不够。要想实现良好的响应时间，成功的核心是一种叫作"标准工作单元"的东西。那么什么是响应时间呢？图 7.2.1 显示了响应时间的要素。

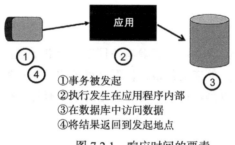

①事务被发起
②执行发生在应用程序内部
③在数据库中访问数据
④将结果返回到发起地点

图 7.2.1　响应时间的要素

响应时间是指从事务发起到将事务结果返回给终端用户的时间量。如图 7.2.1 所示，事务发起，事务发送到处理器，处理器开始执行，处理器外出查找数据，数据被处理，结果发送给终端用户。

通常情况下，所有这些活动都会在一秒或更短的时间内发生。考虑到所有活动发生得如此之快，这实在是个奇迹。

7.2.2 沙漏类比

为了了解如何实现良好的响应时间，研究沙漏是有意义的。考虑图 7.2.2 所示的沙漏。

沙子在沙漏中的流动是稳定的，而且速度均匀。可见，沙子的流动都是高效完成的。那么，沙漏的流动是如何做到如此高效的呢？考虑沙粒通过沙漏中心时的情况，如图 7.2.3 所示。

沙漏之所以表现出均匀的沙流，原因之一（除了重力）是沙粒小且大小均匀。想一想，如果在沙漏的沙粒中插入卵石，会发生什么？图 7.2.4 显示了将鹅卵石和沙粒一起插入沙漏中的情况。在沙漏中放置鹅卵石的结果是，沙子的流动被打断，流动不稳定，效率低下。

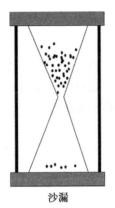

图 7.2.2　沙子通过沙漏
　　　　　的运动

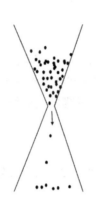

图 7.2.3　沙漏的颈部是关键
　　　　　的门控因素

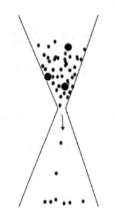

图 7.2.4　将大卵石放入
　　　　　沙漏中

在很多方面，通过在线系统运行的事务就像沙粒一样。只要事务量小，大小均匀，系统的效率就相当不错。但是，当在线事务处理系统工作量中的大事务与小事务混杂在一起时，流向就会非常混杂，效率也很低。而当流转效率低下时，就会导致响应时间差。

7.2.3　赛车场类比

另一种表达方式见图 7.2.5，图中有一条具有不同工作负载的通路，你可以把它看成一条有汽车运行的道路。这些汽车的速度都很快，而且汽车的大小一致。这条道路可以是印第安纳波利斯的老砖场，也可以是戴托纳。赛道上跑的车只有保时捷和法拉利。一切都在高效地运转着。

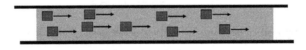

图 7.2.5　赛车场上的汽车

现在，考虑另一条道路，见图 7.2.6。在这条道路上，有一些小快车和一些半拖车。这可能是墨西哥城的高峰时段，一切都很缓慢。这些汽车的速度之间的差异是显著的。在一条赛道上，速度非常快；在另一条赛道上，速度非常慢。赛道之间的主要区别是是否允许大型、缓慢的车辆上路。大车让一切都慢下来。

图 7.2.6　赛道上有一辆水泥车

7.2.4　你的车辆与前面的车辆速度一样快

对于可以达到的速度，还有一种思路。这种方式就是你所乘坐的车辆和你前面的车辆一样慢。而如果你前面的车辆是一辆大车、慢车，那么这就是你的最佳速度。

换个说法，保时捷在赛道上能跑多快？保时捷跑的和前面最慢的车一样快。那么，在网上事务环境中实现速度和效率的方法就是只允许小额快速事务进入系统。

一个在线事务的大小是以事务访问的数据量和事务是否做更新来衡量的。事务做的更新会影响更新过程中被锁定的记录数量。一般来说，在线 DBMS 会锁定事务执行过程中可能更新的记录。图 7.2.7 显示了什么是"大量"在线事务和"少量"在线事务。

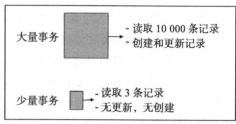

图 7.2.7　少量事务和大量事务的区别

7.2.5　标准工作单元的要求

标准工作单元指出："为了实现良好的、一致的在线事务时间，系统中运行的每一笔在线事务都需要小而统一的规模。"

7.2.6　服务水平协议

与标准工作单元相关的是服务水平协议（SLA）的概念。SLA 是一种协议，说明在线事务环境中可接受的业绩和服务水平。

一个典型的 SLA 可能如下：

- 周一到周五，早上 7:30 到下午 5:30。
- 所有交易执行时间不超过 3 秒。不会出现超过 5 分钟的中断。

SLA 包括平均响应时间和系统可用性。SLA 只涵盖工作时间。在工作时间之外，计算机操作人员可以自由地对计算机进行任何需要的操作——运行大型统计程序、进行维护、运行数据库实用程序等。

7.3　结构化环境的数据建模

结构化环境包含很多复杂的数据，有很多组织和安排这些数据的可能性。在结构化环境中，分析师有机会根据需要来塑造数据。而考虑到数据塑造的多种方式，组织需要一个"路线图"来指导塑造数据的工作。

7.3.1　路线图的目的

路线图有几个重要目的：

- 路线图是本组织的发展方向。
- 路线图为不同的人提供指导，这些人有不同的议程，但仍必须建立合作。
- 路线图可以使大型工作长期持续下去。
- 路线图是终端用户的指南，终端用户最后必须浏览最终产品。

大型复杂的组织需要数据模型的原因有很多。被建模的数据是处于企业业务核心的数据，数据模型是围绕着组织的业务核心来塑造的。

7.3.2 只为颗粒数据建模

数据模型只围绕组织中详细的颗粒数据而构建。当数据建模者允许汇总或聚合的数据进入数据模型时，就会发生糟糕的事情：

❑ 有大量的数据需要建模。

❑ 计算汇总数据的公式比建模者创建和更改模型的速度更快。

不同的人有不同的公式来进行相同或类似的计算。建立数据模型的第一步是将所有衍生数据——汇总数据或聚合数据——从数据模型中删除。图 7.3.1 显示，在建立数据模型时，详细的颗粒数据与汇总数据或聚合数据是分开的。

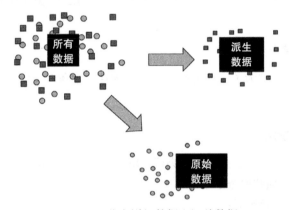

图 7.3.1 分离详细数据和汇总数据

颗粒数据确定后，下一步就是对数据进行"抽象"。数据被抽象到其最高的有意义的层次——实体。

作为一个简单的例子，假设一个企业有女性客户、男性客户、外国客户、企业客户和政府客户。数据模型创建了名为"customer"的实体，并将所有不同类型的客户包裹在一起。或者假设该公司生产跑车、轿车、SUV 和卡车，数据模型将数据抽象成实体——车辆。

7.3.3 实体关系图

数据模型的最高抽象层次称为实体关系图（ERD）。实体关系图反映了数据在最高层次的有意义的抽象及其相互之间的关系，确定了组织的实体以及这些实体之间的关系。

图 7.3.2 显示了标识 ERD 中实体和关系的符号。以一家制造公司的 ERD 为例，如图 7.3.3 所示。

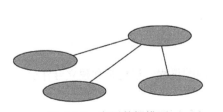

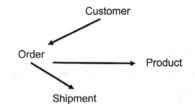

图 7.3.2 高层数据模型   图 7.3.3 一些简单的实体及它们的关系

ERD 是很重要的，它是关于数据模型的高层声明。但是，在 ERD 层面上必然很少有细节。

7.3.4 数据项集

数据模型的下一个层次是发现细节的地方。数据模型的这个层次称为"数据项集"（DIS）。

ERD 中标识的每个实体都有自己的 DIS。以图 7.3.3 所示的简单例子为例，Customer 有一个 DIS，Order 有一个 DIS，Product 有一个 DIS，Shipment 有一个 DIS。DIS 包含键和属性，DIS 显示了数据的组织结构。图 7.3.4 是一个简单的 DIS 的符号。

DIS 的基本构造是一个个方框。方框里是密切相关的数据元素，它们彼此关联。数据分组之间的不同线条具有不同的含义。向下指向的线表示数据的多次出现。向右的线表示不同类型的数据。

作为一个简单的 DIS 的例子，考虑图 7.3.5 所示的 DIS。锚数据或主要数据由图中左上方的数据框表示。锚框表示与框内的键直接相关的数据有 Description、Unit_of_measure、Unit_mfg_cost 和 Packaged_size。这些数据要素存在一次，而且对于每个产品只存在一次。

中层数据模型

图 7.3.4 一个 DIS

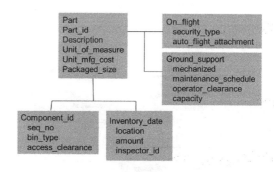

图 7.3.5 一个简单的 DIS

可以多次出现的数据会显示在数据的锚框下面，Component_id 就是这样的一组数据。每个产品可以存在多个组件。另一个独立于 Component_id 的数据分组是 Inventorg_date 和 Location。产品可能在不同的日期在多个地方进行过盘点。锚框右边的线条表示数据的类型。在这种情况下，产品可能用于 On_flight 或 Ground_support。

DIS 表示实体的键、属性和关系。

7.3.5 物理数据库设计

一旦创建了 DIS，就会创建 DIS 的物理设计。DIS 中的每一个数据分组都会产生一个单独的数据库设计。图 7.3.6 为数据库设计，通过对 DIS 中发现的数据进行分组设计后得出。

物理数据库设计要考虑数据的物理结构、数据的物理特性、键的规范、索引的规范等。数据物理规范的结果就是数据库设计，如图 7.3.7 所示。

数据库设计的要素包括键、属性、记录和索引。

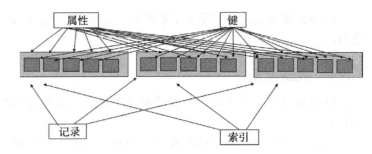

图 7.3.6　物理模型　　　　　　　　图 7.3.7　数据库中的要素

7.3.6　数据模型不同层次的关联性

数据模型的不同层次类似于世界上存在的不同层次的映射。图 7.3.8 显示了不同层次的映射之间的关系。

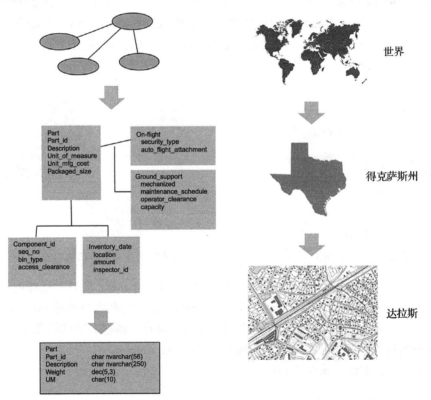

图 7.3.8　模型的不同层次

在图 7.3.8 中可以看出，ERD 相当于世界的地球仪。DIS 相当于得克萨斯州的地图，而物理数据库设计相当于得克萨斯州达拉斯的城市地图。地球仪——ERD——是完整的，但不详细。得克萨斯州的地图——DIS——是不完整的，因为你无法用得克萨斯州的地图找到往返芝加哥的路，但得克萨斯州的地图比地球仪有更多的细节。达拉斯的城市地图——物理数据模型——就更不完整了，你无法用达拉斯的城市地图找到从埃尔帕索到米德兰的路，但达拉斯城市地图中的细节比在得克萨斯州地图中的更多。

7.3.7　连接示例

不同形式的数据建模之间的完整连接如图 7.3.9 所示。

7.3.8　通用数据模型

数据模型建立后，往往能很好地应用于同行业的其他公司。例如，一家银行 A 创建了一个数据模型，然后有一天，发现银行 A 的数据模型与银行 B、C、D 的数据模型非常相似。

由于同一行业内的数据模型具有很大的相似性，所以有一些模型被称为"通用数据模型"。通用数据模型背后的理念是，获取一个通用数据模型比从头开始建立一个数据模型的成本要低很多，速度也快很多。诚然，任何通用数据模型都需要进行定制，但即使如此，使用通用数据模型也比必须自己建立数据模型要好得多。

7.3.9　运营数据模型和数据仓库数据模型

数据模型有不同的类型，包括运营数据模型和数据仓库数据模型。运营数据模型是以企业的日常运营为模型的数据模型，数据仓库数据模型是根据企业的信息化需求建立的模型。运营数据模型包含一些只需要进行业务处理的信息，如特定的电话号码。数据仓库数据模型不包含运营处理所需的特定数据，也不包含任何汇总数据。数据仓库数据模型包含模型中每条记录的时间戳。

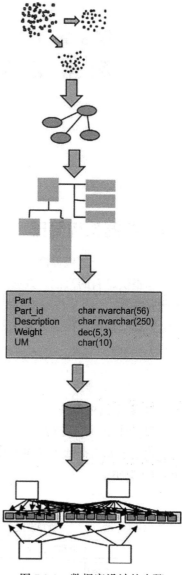

图 7.3.9　数据库设计的步骤

第 8 章

数 据 架 构

8.1 数据架构简史

自第一个计算机程序被编写出来，数据就已经存在了。在许多方面，数据就是为计算机引擎提供燃料的汽油。数据的使用、形成以及存储方式已经发展为现在被称为数据架构的研究领域。

数据架构涉及很多方面，正如我们将看到的，数据是非常复杂的。数据架构中最有趣的四个方面如下：

- ❏ 数据的物理表现
- ❏ 数据的逻辑连接
- ❏ 数据的内部格式
- ❏ 数据的文件结构

每一个方面都随着时间推移相互依存地发展，它们的演变能很好地解释数据架构，如图 8.1.1 所示。

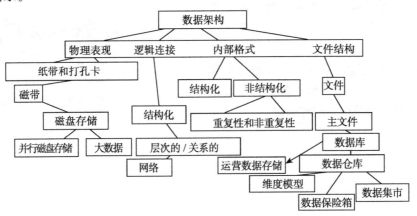

图 8.1.1　庞大、复杂、多面的数据架构世界

已经发生的最简单的演变（在许多地方都有描述）是存储数据的介质的物理演变。图 8.1.2 展现了这种有据可查的演变。

计算机行业的开始可以追溯到纸带和打孔卡。最早的时候，数据是通过纸带和打孔卡来存储的。纸带和打孔卡的价值在于易于创建存储，但也存在很多问题。霍列瑞斯式打孔卡只有固定的格式（所有数据都以 80 列的形式存储）。卡片容易掉落，也容易被弄脏，还不可以重新打孔；而且综合考虑所有因素，卡片还是很贵的。卡片存储数据的能力是有限的。很快，就需要一种新方法来替代打孔卡。图 8.1.3 展示的打孔卡和纸带是早期的数据存储机制。

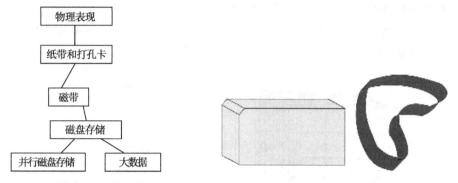

图 8.1.2　数据架构的物理维度　　　　　　图 8.1.3　打孔卡和纸带

接下来是磁带。磁带可以存储的数据比打孔卡要多得多，而且磁带不局限于打孔卡的单一格式。但磁带也存在一些主要的局限性：为了找到存储在磁带文件中的数据，不得不扫描整个文件，而且磁带上的氧化物是出了名的不稳定。磁带文件是打孔卡向前迈进的一大步，但磁带文件自身也有严重的局限性。图 8.1.4 是磁带文件的符号。

磁带文件之后，出现了磁盘存储。有了磁盘存储，数据可以被直接访问，而不再需要搜索整个文件以查找单个记录。

早期的磁盘存储形式价格昂贵，速度慢，而且容量相对较小。但很快，随着制造成本大幅下降，容量提升，存取速度也随之上升。磁盘存储是磁带文件的优越替代品。图 8.1.5 为磁盘存储示意图。

图 8.1.4　磁带文件　　　　　图 8.1.5　磁盘

由于对数据量的需求急剧增加，因此有必要在短期内以并行的方式来管理磁盘存储。通过这种方式，可被操控的数据总量显著增加。存储的并行管理并没有增加单个磁盘上可管理的数据量，反而只是减少了访问和管理存储所需的总时间。图 8.1.6 为存储的并行管理示意图。

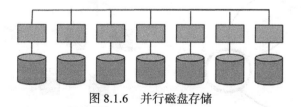

图 8.1.6　并行磁盘存储

然而，在磁盘上可以管理的数据量的另一个增长是以大数据的形式到来的。大数据其实只是另一种形式的并行。但有了大数据，就可以以越来越低的单位成本管理更多的数据。图 8.1.7 为大数据示意图。

在过去的几年中，随着数据存储单元的大幅减小，以及访问速度的不断提高，可以被管理的数据总量也得到了空前的提高。

但数据的物理存储并不是唯一得到发展的事物，与此同时数据的逻辑组织方式也在发生变化。数据的物理存储是一回事，但从逻辑上组织数据，使其能够容易并合理地被访问则是另外一回事。图 8.1.8 展现了数据的逻辑组织的发展过程。

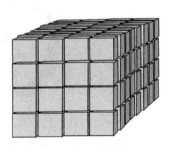

图 8.1.7 大数据

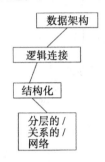

图 8.1.8 数据的逻辑连接

早期数据的逻辑组织几乎都是随机的。每个程序员和设计师都"只做自己的事"，在数据的逻辑组织方面，如果说当时一切都是一团糟也不为过。

在这种混乱之中，出现了爱德华·尤登和汤姆·德马科。尤登提出一种名为"结构化"的方法。（注意：尤登所使用的术语"结构化"不同于用于描述内部数据格式的结构化。尤登所提出的"结构化"是指一种有逻辑、有组织地管理信息系统的方式，旨在对编程实践、系统设计，以及许多信息系统的其他方面进行管理规范。术语"结构化"也用于描述数据的内部格式，尽管这两个术语相同，但含义并不一样。）

在尤登提出的结构化系统方法中，结构化的其中一个方面是指数据元素应如何组织，以建立一个规范的系统方法来构建信息系统。在尤登之前，数据的逻辑组织方式五花八门。图 8.1.9 是描述了尤登结构化编程方法以及发展的示意图。

不久之后，出现了数据库管理系统的想法，并被作为逻辑上组织数据的方法之一。继 DBMS 之后，又出现了在网络中分层组织数据的思想。IBM 的 IMS 使用了早期的数据分层结构。早期数据的网络组织形式的代表是 Cullinet 的 IDMS。

数据的分层组织结构其实是父子关系的概念，一个父代可以有零个或多个子代，而一个子代必须有一个父代。图 8.1.10 描述了一个父子关系的图和一个网络化关系的图。

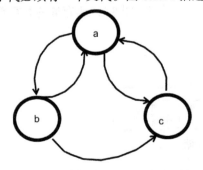

图 8.1.9 网络化的数据结构

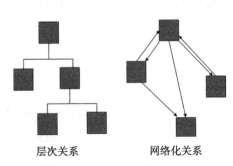

层次关系   网络化关系

图 8.1.10 不同的关系

DBMS 对于数据的批处理和在线事务处理都很有用。许多系统都是在 DBMS 下运行事务的。

很快，又出现了另一种关于数据逻辑组织方式的方法，这种方法通过术语上被称为关系型数据库管理系统的方式实现。

在关系型数据库管理系统中，数据需要被"规范化"。规范化是指每张表都有一个主键，且表中的属性依赖于表中的键。这些表之间能够通过键 / 外键关系的方式相互关联。在访问这些表时，可以通过适当的键和外键配对的方式将表"连接"起来。图 8.1.11 为关系表示意图。

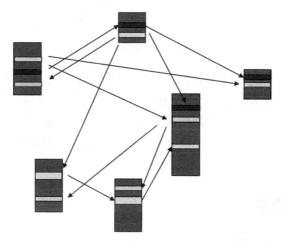

图 8.1.11　一些相关联的关系表

尽管数据的逻辑组织很有趣也很重要，但这并不是数据架构的唯一方面。数据架构的另一个方面是数据的内部格式化。当你观察数据的逻辑组织时，所有的 DBMS 都是应用在所谓的"结构化"数据上。结构化的数据意味着计算机可以通过某种方式来理解数据的组织方式。结构化的方式适用于企业的许多方面，可以通过结构化方式组织客户信息、产品信息、销售信息、会计信息等。结构化方式还可以用于采集交易信息。

非结构化方法适用于那些没有以计算机可理解的方式组织的数据，如图像、音频信息、卫星下载数据等。但到目前为止，非结构化方法最大的用途是处理文本数据。图 8.1.12 展现了数据的内部结构的发展演变。

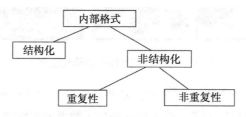

图 8.1.12　数据架构的内部格式

结构化方法意味着数据的组织化程度足以被定义到数据库管理系统。DBMS 一般具有数据的属性、键、索引和记录。数据的"模式"是在数据被存储进数据库的时候定义的。事实上，数据的内容及其在模式中的位置决定了数据加载的位置和方式。图 8.1.13 为数据以结构化格式加载的示意图。

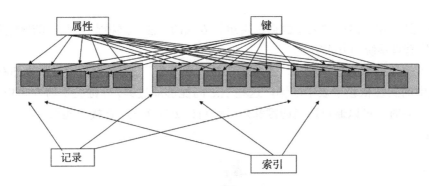

图 8.1.13　经典的索引

数据的非结构化内部组织包含各种各样的数据，如电子邮件、文档、电子表格、模拟数据、日志磁带数据和很多其他种类的数据。图 8.1.14 展示了非结构化的内部数据。

非结构化数据基本被划分为重复性和非重复性两大类。重复性非结构化数据是指数据被组织在许多记录中，这些记录的结构和内容都非常相似甚至相同。图 8.1.15 显示了重复性非结构化数据。

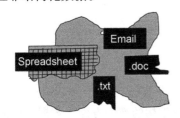

图 8.1.14　非结构化数据

图 8.1.15　重复性非结构化数据

非结构化数据中的另一种数据是非重复性数据。对于非重复性数据，一条数据记录与任何其他数据记录之间都没有相关性。如果在非重复性数据中出现两条相似的数据记录，这纯属随机事件。图 8.1.16 描述了非重复性非结构化环境。

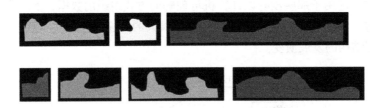

图 8.1.16　非重复性非结构化数据

数据的另一个方面是数据的文件组织。从非常简单的文件组织开始，已经逐步发展成为非常复杂且精密的数据组织方式。图 8.1.17 展现了数据的文件结构的演变发展。

早期的文件组织非常粗糙，技术供应商不久就意识到需要一种更为正式的方法。于是，简单的文件就诞生了，如图 8.1.18 所示。图 8.1.18 中只是简单的数据集合，但设计者认为它们需要通过一定的方式被组织起来。几乎在每种情况下，文件都被设计成需要根据应用程序的需求进行优化。

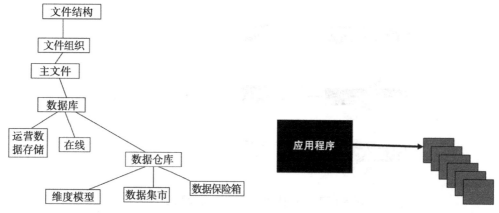

图 8.1.17　数据架构的文件结构　　　　　　图 8.1.18　通过应用程序写出的文件

但很快，人们意识到相同或十分相近的信息会被多个应用程序收集，这种重复既是一种浪费，又导致收集和管理的数据存在冗余。解决办法是建立一个主文件。主文件是一个可以以非冗余的方式收集数据的地方，如图 8.1.19 所示。

主文件是个不错的想法，而且效果很好。唯一的问题是主文件存储在磁带文件上，而磁带文件使用起来非常笨拙。主文件的概念很快就演变成了数据库的概念，于是数据库的概念就诞生了，如图 8.1.20 所示。

图 8.1.19　通过应用程序写出的磁带文件　　　图 8.1.20　通过应用程序写出的磁盘存储

早期的数据库概念是指"所有数据都存放在某个主题区域"。在一个大量数据还被保存在文件和主文件中的时代，数据库的概念非常具有吸引力。

但不久之后，数据库的概念演变为在线数据库的概念。在在线数据库的概念中，数据不仅可以被直接访问，还可以通过实时、在线的模式进行访问。在实时在线访问的模式下，数据可以根据业务的变化而增加、删除和改变。图 8.1.21 描述了这种在线、实时环境。

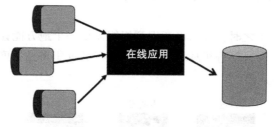

图 8.1.21　在线事务处理

在线数据库环境让企业中以前从未实现过任何交互的部分拥有了计算能力，这种方式很快就得到了广泛应用，并在短时间内催生出了所谓的爬虫网络环境。随着爬虫网络环境的出现，对数据完整性的需求也随之而来。数据仓库的概念应运而生。图 8.1.22 演示了数据仓库的进展。

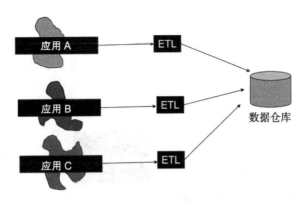

图 8.1.22 将应用数据转换为企业数据

数据仓库为组织提供了"真实数据的单一版本"。现在就有了数据核对的基础。随着数据仓库的出现，第一次有了可以存储并使用历史数据的地方。数据仓库是信息处理向前迈进的重要一步。

虽然数据仓库很重要，但我们还需要其他的架构要素。人们很快意识到，还需要一种介于数据仓库和事务系统之间的东西。由此，运营数据存储（Operational Data Store，ODS）诞生了。图 8.1.23 为 ODS 示意图。

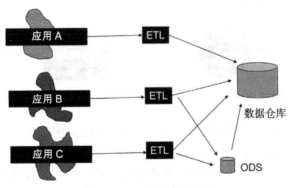

图 8.1.23 有时需要 ODS

ODS 是一个可以对企业数据进行在线高性能处理的地方。并非每个组织都需要 ODS，但很多组织其实都需要。

大约在数据仓库诞生之时，人们也意识到组织需要一个地方能让各个部门可以去寻找数据来满足分析需求。在这种分析环境下，就出现了数据集市或维度模型。图 8.1.24 是数据集市的基础——星形连接。

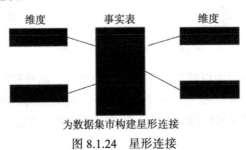

为数据集市构建星形连接

图 8.1.24 星形连接

这时人们认识到，除了需要有维度模型之外，还需要对数据集市进行更规范的处理。非独立数据集市的概念就这样产生了。图 8.1.25 为非独立数据集市示意图。

图 8.1.25 集成分析环境

上述的发展演变过程并不是独立发生的，而是同时进行的。事实上，某些技术发展水平的变化取决于其他领域的发展变化。例如，在线处理技术被开发出来之前，线上数据库是不可能有所发展的。另外，在存储成本降低到可承受的程度之前，数据仓库也不会有所发展。

8.2 大数据和系统接口

信息系统的一大挑战之一是确定它们是如何整合到一起的，特别是大数据是如何与现有系统环境相适应的。毫无疑问，大数据为很多机构带来了新的信息和决策机会。同时，大数据无疑也具有广阔的前景。但大数据并不能代替现有的系统环境。实际上，大数据与现有的系统环境所实现的任务是不同的，它们是（或者说应该是）相辅相成的。

那么，大数据究竟需要如何与现有系统环境进行对接和交互呢？

8.2.1 大数据和系统接口概述

图 8.2.1 为大数据与现有系统对接的推荐方式，展现了大数据与现有系统环境之间的整体系统流程。其中的每一个接口都会在后面的部分进行详细介绍。

原始大数据分为两个部分（见"分水岭"章节），有重复性原始大数据和非重复性原始大数据之分。重复性原始大数据的处理方式与非重复性原始大数据完全不同。

8.2.2 重复性原始大数据和系统接口

重复性原始大数据与现有系统环境的接口从某种程度上说是最简单的接口。这个接口与蒸馏过程有很多相似之处，在原始的重复性大数据中找到的海量数据将被筛选成少量我们感兴趣的记录，也就相当于刚才提到的蒸馏。

通过对每一条记录的解析，对重复的原始大数据进行处理。而当找到感兴趣的记录后，再对感兴趣的记录进行编辑，并传递到现有的系统环境中。通过这样的方式，从原始重复性大数据环境中找到的大量记录中提炼出感兴趣的数据。这个接口所做的一个假设是，在原始大数据的重复部分中发现的绝大部分记录不会被传递到现有的系统环境中。假设只需要找到少数感兴趣的记录。

为了解释这种假设，我们来考虑几种情况。

❑ 制造业——一个制造商制造了一个产品。这个产品的质量非常高，并且平均一万件产品中仅有一件有缺陷。尽管如此，有缺陷的产品依旧让人头疼。所有的产品制造信息都存储在大数据中，但只有有缺陷的产品的信息将被输入现有的系统环境中进行进一步的分析。在这个例子中，按照百分比计算，只有很少的数据将会输入现有系统。

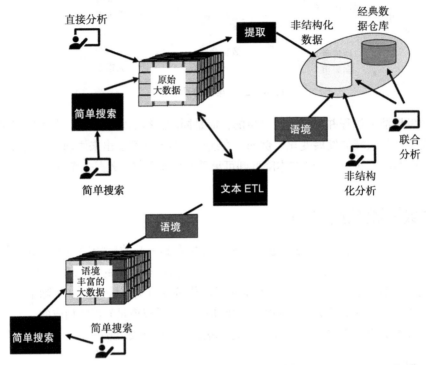

图 8.2.1　大数据 / 数据仓库接口

❏ 电话（通话记录的详细信息）——每天都有数百万个电话记录。但这数百万条电话记录中，只有少数几个（可能三四个）才是我们感兴趣的。只有我们感兴趣的电话记录才会被输入现有的系统环境。

❏ 日志磁带分析——被创建的一长串事务。在一天之内会产生数万条日志磁带条目，但这其中只有几百条是我们感兴趣的。这几百条日志磁带条目才是能放入已有系统环境中进行进一步分析的条目。

❏ 计量——组织收集计量数据。绝大多数的计量活动都是正常的，我们一般都不是很感兴趣。但在一年中的某几天，某些计量数据会有意想不到的变化，只有这些出现异样的数据才会输入现有的系统环境中进行进一步的分析。

像上述的重复性原始大数据被检测到出现异常数据的例子还有很多。通常，当数据从大数据环境进入现有的系统环境中时，将数据放入数据仓库是非常方便的。不过，若有需要，可以将数据发送到现有环境系统中的其他地方。

8.2.3　基于异常的数据

一旦原始的重复性大数据中的数据被选中（通常是以"异常为基础"选择的），然后被转移到现有的系统环境中，基于异常数据就可以进行如下分析：

❏ 模式分析。为什么被选中的这些记录是异常的？是否存在与记录行为相匹配的外部活动模式？

❑ 比较分析。异常记录的数量是否在增加或减少？除采集到的异常记录外，与此同时还有哪些活动模式？

❑ 异常记录随时间的增长和分析。随着时间的推移，从大数据中采集到的异常记录发生了什么样的变化？

用来分析我们采集到的数据的方法还有很多，图 8.2.2 是大数据与现有系统环境接口的示意图。

8.2.4 非重复性原始大数据和系统接口

非重复性原始大数据和重复性原始大数据的接口环境有很大不同。第一个主要的区别是采集数据的比例。在重复性原始大数据接口中，只有一小部分数据被选中，而在非重复性原始大数据接口中，大部分的数据都会被选中。这是因为在非重复性大数据环境中找到的大部分数据都是具有商业价值的，然而在重复性大数据环境中，大部分数据都没什么商业价值。

不过也有其他的主要差异。两种环境第二个主要的差别被称为语境。在重复性原始大数据中，语境通常很明显，并且容易找到。而在非重复性原始大数据环境中，语境毫不明显，而且不容易找到。需要注意的是，在非重复性原始大数据环境中其实是存在语境的，只是不容易找到，不明显而已。

为了找到语境，需要用到文本消歧技术。文本消歧读取大数据中的非重复性数据，并从这些数据中获取语境（关于从非重复性原始大数据中导出语境的具体内容请参见文本消歧和分类的相关章节）。

虽然非重复性大数据中的大部分都是有用的，但也有一部分数据会在文本消歧过程中被裁掉，没什么用处。

一旦得出语境，就可以将输出的内容发送到现有的系统环境中。图 8.2.3 展现了非重复性原始大数据到文本消歧的接口。

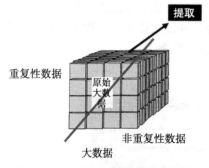

图 8.2.2　大数据包括重复性数据
和非重复性数据

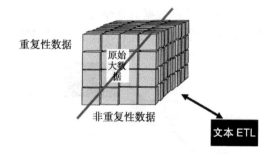

图 8.2.3　文本 ETL 被用来处理非重复
性数据

8.2.5 进入现有系统环境

当来自非重复性原始大数据中的数据经过文本消歧后，就可以输入现有的系统环境了。

经过文本消歧的数据得到了很大的简化。由此得到的语境，以及通过筛选过滤的每一个文本单元都会变成一个平面文件记录。平面文件记录很容易让我们联想到标准的关系型记录。因为就像关系型记录的格式那样，平面文件记录也有关键字，并且数据之间存在依赖性。

文本消歧后的输出可以输入加载工具，这样输出的数据就可以被放置在任何需要的 DBMS 中。典型的输出 DBMS 有 Oracle、Teradata、UDB/DB2 和 SQL Server。图 8.2.4 为数据以标准 DBMS 的形式输入现有系统环境的示意图。

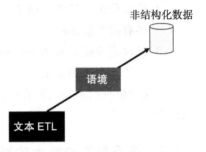

图 8.2.4　文本 ETL 为非重复性大数据增添了语境

8.2.6　语境丰富的大数据环境

数据通过文本消歧后，还可以重新放回到大数据中。将输出的数据放回大数据中的这种想法可能有多种原因，例如：

❑ 数据量。文本消歧可能会有大量的输出，庞大的数据量可能决定了输出的数据不得不再次放回大数据环境中。

❑ 数据的性质。在某些情况下，输出的数据可能与大数据环境中的其他数据有着天然的联系，契合程度高。将输出的数据放回大数据中，可能会使未来的分析处理能力大大提升。

无论在哪种情况下，数据通过文本消歧处理后再放回大数据中，它们的状态是完全不同的。这些数据清晰的语境也随之被一起放回大数据中，并成为大数据中突出的一部分。

将文本消歧后的输出重新放回大数据中，现在有一个被称为"语境丰富的大数据"的方向。从结构的角度来看，语境丰富的大数据看起来和重复性原始大数据非常相似。唯一不同的是，内容丰富的语境是开放的、明显的，并且附着在这部分大数据上。图 8.2.5 展示了文本消歧后的输出结果可以再放回大数据中。

大数据环境的另一种视角如图 8.2.6 所示。在图 8.2.6 中可以看到，大数据被分为重复性和非重复性两部分。但在重复性部分中，可以看到，当将语境丰富的大数据加入大数据环境中时，这些数据只是变成了另一种重复性数据。换一种说法就是，大数据中有两种不同的重复性数据——简单的重复性数据和语境丰富的重复性数据。

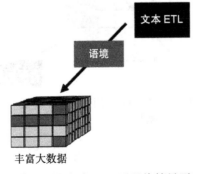

图 8.2.5　文本 ETL 可以将结果再放回大数据中

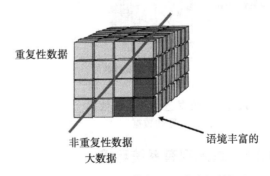

图 8.2.6　非重复性数据可以包括原始数据和语境丰富的数据

这种划分在做分析处理时就显得十分重要。重复性数据和语境丰富的重复性数据的分析处理方式完全不同。

8.2.7 联合分析结构化数据和非结构化数据

在大数据环境中，最后一个值得关注的接口是那些同样来自大数据，并通过提炼过程或文本消歧处理后的数据。可以将这样的数据放入一个标准的 DBMS 中。

图 8.2.7 是与经典数据仓库放在相同环境中的由非结构化数据创建的数据库。不过，经典数据仓库中的数据均完全由结构化数据创建。图 8.2.7 告诉我们，来源完全不同的数据是可以被放置在同一个分析环境中的。这个 DBMS 可以是 Oracle，也可以是 Teradata。操作系统可以是 Windows，也可以是 Linux。在任何时候，对这两个数据库进行分析处理就像做关系连接一样简单。

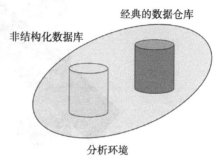

图 8.2.7 分析环境可以包含经典的结构化数据和来自非结构化数据源的数据

通过这种方式，可以轻松自然地处理来自不同环境的数据。这意味着，结构化数据和非结构化数据可以被同时用于分析。通过将这两种类型的数据结合到一起，将会为我们带来全新的分析处理前景。

8.3 数据仓库和操作环境接口

尽管大数据和系统接口很有趣，但这并不是数据架构师需要了解的唯一接口。企业系统环境中另一个值得关注的接口是运营环境与数据仓库之间的接口。

8.3.1 运营环境和数据仓库接口

图 8.3.1 是运营环境和数据仓库之间的接口示意图。运营环境是详细地做出企业日常决策的地方，数据仓库环境则是存储企业决策基础的地方。

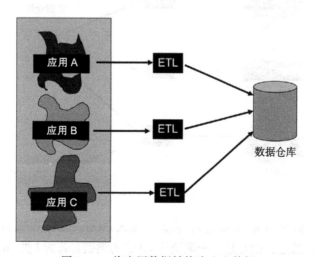

图 8.3.1 将应用数据转换为企业数据

8.3.2　经典 ETL 接口

在运营环境和数据仓库环境之间的接口被称为"ETL"层，ETL 是提取 / 转换 / 存储（extract/transform/load）的缩写。在 ETL 接口中，应用数据被转换为企业数据。这其中的转换是企业最重要的数据转换之一。图 8.3.2 是经典的 ETL 接口。

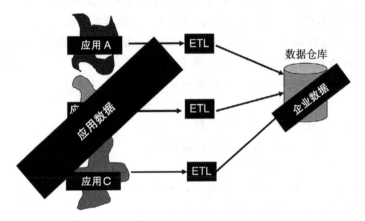

图 8.3.2　通过 ETL 将应用数据转换为企业数据

这个接口的转换工作是将应用数据转换为企业数据。运营数据是由每个应用来定义的。因此，会存在数据的定义不一致、公式不一致、数据结构也不一致等问题。但当数据经过 ETL 层后，这些不一致性就可以得到解决。

8.3.3　ODS 和 ETL 接口

然而，运营环境和数据仓库环境之间的传统 ETL 接口存在很多不同的变种。其中的一个变种是将运营数据存储（Operational Data Store，ODS）纳入接口中，如图 8.3.3 所示。

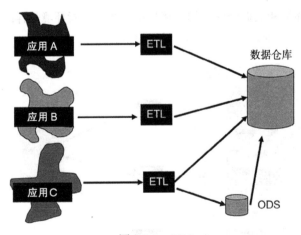

图 8.3.3　ODS

流向 ODS 的数据可以直接从运营环境中流入 ODS，也可以通过 ETL 转换层流向 ODS。无论数据是否通过，ETL 层完全取决于 ODS 的类别。若为 I 类 ODS，数据可以直接从运营环境中输入 ODS，若是 II 类或 III 类 ODS，数据则需要通过 ETL 接口。

并非每个公司都有或需要 ODS。通常，只有那些在线事务处理程度较高的公司才有
ODS。

8.3.4　暂存区

在运营环境和数据仓库环境之间的经典 ETL 接口的另一个变体是存在暂存区的情况，
如图 8.3.4 所示。

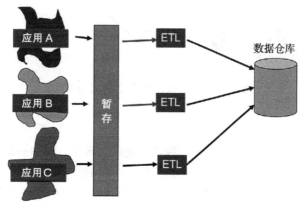

图 8.3.4　暂存区

在一些非常特殊的情况下，是需要暂存区的。其中一种情况是来自两个或多个文件的
数据需要合并时，存在时间问题。来自应用 A 的数据在上午九时已经准备好进行合并，但
来自应用 B 的数据在下午五时才能准备好进行合并。在这种情况下，来自应用 A 的数据必
须被"暂存"，直到合并准备就绪。

需要用到暂存区的第二种情况是数据量很大，必须将数据分散到不同的工作负载中，
以适应 ETL 处理中的并行化。在这种情况下，需要一个暂存区来分离数据。

第三种情况是来自运营环境的数据必须经过预处理步骤。在预处理步骤中，数据需要
经过编辑和修正。

暂存区的问题之一是能否针对在暂存区中发现的数据进行分析处理。通常情况下，暂
存区中的数据是不能用来进行分析处理的。因为暂存区中的数据还没有进行过转换，故对
暂存区中的数据进行任何的分析处理都是没有意义的。

值得注意的是，暂存区是可选的，大多数公司都不需要暂存区。

8.3.5　变动数据捕获

运营系统和数据仓库系统间经典接口的另一个变体被称为 CDC 方案，"CDC"代
表"变动数据捕获"。对于高性能的在线事务环境，每次需要刷新数据仓库环境中的数据
时，扫描整个数据库是非常困难的，或者说效率很低。在这些环境中，通过检查日志磁带
来确定哪些数据需要更新到数据仓库是有意义的。创建日志磁带是为了当在线事务处理过
程中发生故障时，可以进行在线备份和恢复。但日志磁带包含了所有需要更新到数据仓库
的数据。日志磁带是离线读取的，用来收集需要被更新到数据仓库的数据。图 8.3.5 描述了
CDC 方案。

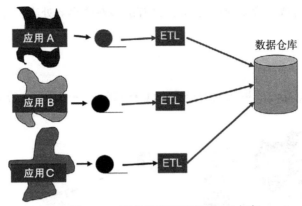

图 8.3.5   事务处理系统的 CDC 方案

8.3.6   内嵌转换

传统运营系统到数据仓库接口的另一种选择是内嵌转换。在内嵌转换中，需要流向数据仓库的数据是作为在线事务处理的一部分来进行采集和处理的。

由于编码需要成为原始编码规范的一部分，而且高性能的在线事务处理过程需要消耗资源，因此内嵌转换并不常用。事实上，在线事务处理代码是在人们意识到在线事务处理的结果需要被反映在数据仓库环境中之前创建的。不过，偶尔也会需要使用内嵌转换。图 8.3.6 展示了内嵌转换的示意图。

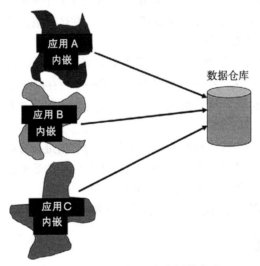

图 8.3.6   文本数据的内嵌语境方案

8.3.7   ELT 处理

经典 ETL 接口的最后一个变体，我们可以直接称之为 ELT 接口。ELT 接口是将数据直接从运营环境加载到数据仓库中。进入数据仓库后，就会对数据进行转换。

选择 ELT 方案的问题在于，有一种诱惑是干脆不执行"T"（转化）这一步。在这种情况下，数据仓库就会变成一个"垃圾堆"。而一旦数据仓库中装满了垃圾，作为决策的基础，它就会变得毫无价值。

如果不忽略掉"T"这一步,那么采用 ELT 方法是没有问题的。但很少有企业能够坚持正确使用 ELT 方法的毅力。图 8.3.7 说明了将运营系统和数据仓库连接起来的 ELT 方法。

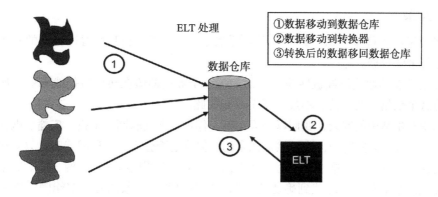

图 8.3.7　ETL 的一个变体是 ELT

8.4　数据架构:高层视角

架构的用途之一是为我们提供一个高层视角。对于高层视角,数据架构看起来如图 8.4.1 所示。

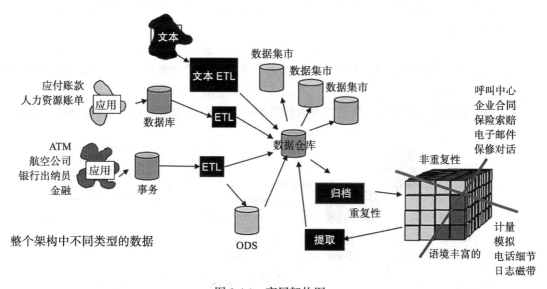

图 8.4.1　高层架构图

8.4.1　高层视角

图 8.4.1 展示了具有代表性的一些组件,从图中可以看出大数据主要有两种类型——重复性数据和非重复性数据。而在重复性数据中,有简单重复性数据和语境丰富的重复性数据。图中还展示了不同类型大数据的数据来源。

从图中可以看出,重复性数据被提炼成可以用于分析的放入数据仓库环境中的数据。

此外，非重复性数据可以通过歧义消除放入数据仓库中，或作为语境丰富的重复性大数据再重新放回大数据中。

8.4.2　冗余

这张图说明了很多问题，其中一个问题就是冗余数据。当我们看这张图的时候，似乎到处都是冗余的数据。

实际上，有的数据已经被转换了。而如果一个数据的值在转换后仍然不变，那么你可能会认为这个数据是冗余的。不过，事实并非如此。

考虑现实生活中的冗余，我们以一天为例。你可以在互联网、手机、广播、电视以及许多其他地方找到一天的时间，这显然是冗余的，但这是否会成为一种困扰呢？只有在没办法确定准确的时间的时候，这才会成为一种困扰。如果没有明确时间的来源，那么冗余出现的时间就存在问题。但只要能找到确切的来源，同时只要大多数的冗余都能确定其来源，就不会出现问题。其实，只要时间的完整性没有问题，冗余的时间来源还是很有帮助的。

因此，只要能够保证数据的完整性，我们在图 8.4.1 中看到的企业中存在的冗余数据就不是问题。

8.4.3　记录系统

数据架构中数据的完整性是由可被称为"记录系统"的系统建立的。记录系统是一个明确确立数据价值的地方。需要注意的是，记录系统只适用于详细的颗粒数据，并不适用于汇总或派生数据。

为了理解记录系统，可以想想银行和你的银行账户余额。对于每家银行中的每个账户，都有一个账户余额记录系统。有且只有一个地方来创建和管理账户余额。你的银行账户余额可能会出现在银行的很多地方，但记录系统只被保存在一处。

记录系统贯穿于我们之前所描述过的数据架构。图 8.4.2 描述了记录系统的移动。随着

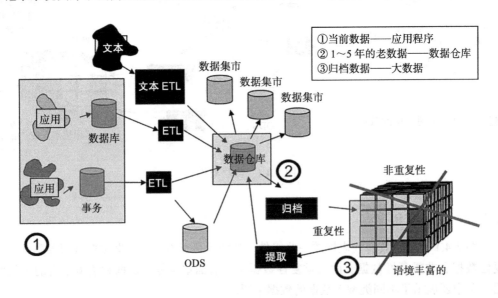

图 8.4.2　记录系统

数据的采集，特别是在在线环境中，记录系统中有数据第一次出现的记录。位置①表明于线上环境中找到当前值数据的记录系统。你可以设想这样一个场景：给银行打电话询问你现在的账户余额，然后银行通过在线交易处理环境来找到你当前的账户余额。

然后有一天，你两年前的一次银行交易发生问题，你的律师要求你回去证明两年前的确支付过这笔钱。这时你不能去在线事务处理环境，相反，你要去数据仓库中查找记录。随着数据产生的时间变长，记录系统会将旧数据移动到数据仓库，这就是图中的位置②。

很长一段时间后，国税局需要审计你的账户。这个时候，你需要回溯到 10 年前，证明你在 10 年前都有哪些财务活动。这时，你就需要到大数据的档案库中，也就是图中位置③。

也就是说，随着时间的推移，记录系统在数据架构中会发生变化。

8.4.4 问题的不同类型

另一种观察数据架构中数据的方法是，它在架构中的不同部分回答了什么类型的问题，如图 8.4.3 所示。

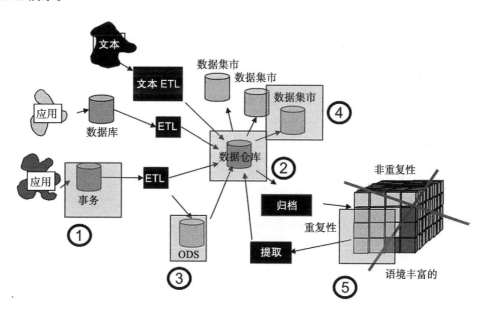

图 8.4.3 架构中的不同部分可以回答不同的问题

图 8.4.3 中的位置①详细地回答了第二个问题，可以查询到准确的账户余额信息。位置②表明，在数据仓库中，你可以查看银行账户的所有历史活动记录。

位置③是 ODS。在 ODS 中，你可以找到第二个问题准确的完整信息，还可以查看所有的账户信息——你的贷款、存储余额、支票以及 IRA 等。

位置④是数据集市。在数据集市中，银行管理层会将你的账户信息与其他上千个用户的信息结合起来，并从某个部门的角度来看待这些信息。即一个部门会从会计的角度来看待数据集市中的这些数据，而另一个部门则会从营销的角度来看待，等等。

位置⑤中的数据还为我们提供了另一种角度。位置⑤中是大数据，这里不仅有一定的历史数据，还有各种各样其他的数据。可以在位置⑤处进行的分析种类是繁杂多样的。

当然，不同行业的数据以及可以进行的分析不尽相同。为了讲解清楚，我们将一直使用银行的例子。但对于其他的行业，还有其他类型的使用信息。

8.4.5　不同的社区

不同的社区都会使用在数据架构中发现的信息。一般来讲，职员团体会使用在位置①和位置②发现的数据，而位置③中的数据每个人都会使用。数据仓库相当于整个组织信息中的十字路口。不同的职能部门使用位置④的信息，而位置⑤则是整个组织的汇总。

第 9 章

重复性分析

9.1 重复性分析的基础知识

关于分析学，有一些基本的概念和实践几乎是通用的。这些实践和概念适用于重复性分析，对于数据科学家来说是必不可少的。

9.1.1 不同的分析类型

有两种不同的分析类型——开放式连续分析和基于项目的分析。开放式连续分析是通常在结构化的企业领域中出现的分析，但偶尔也会在重复的数据领域中出现。在开放式连续分析中，分析是从收集数据开始的。一旦收集到数据，下一步就是对数据进行细化和分析。数据分析完成后，由个人或团队做出决策，这些决策的结果会影响该领域。然后，收集更多的原始数据，这个过程又重新开始。

收集数据、提炼数据、分析数据，然后根据分析结果不断做出决策的过程其实很常见。这种持续反馈循环的一个例子可能是银行提高或降低贷款利率的决策。银行会收集有关贷款申请和贷款支付的信息，然后，银行理解这些信息并决定提高或降低贷款利率。最终银行决定提高利率，然后进行测试，看看结果如何。这样就是一个开放式连续分析循环的例子。

另一种分析系统是基于项目的分析，其目的是只做一次分析。例如，政府可能会对有多少非法移民成功融入社会进行分析；汽车制造商可能会进行安全研究，或者对某一汽车进行化学分析，又或者研究汽油中的乙醇含量等。可以有任何种类和任何数量的一次性研究。图 9.1.1 显示分析研究有两种类型。

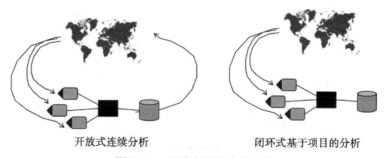

开放式连续分析　　　　　　　闭环式基于项目的分析

图 9.1.1　两种类型的分析方法

一项研究是一次性的还是持续性的，对围绕研究的基础设施影响很大。在持续研究中，需要建立一个持续的基础设施；在一次性研究中，所建立的基础设施则截然不同。

9.1.2 寻找模式

然而，分析研究已经完成，研究通常是寻找模式。换句话说，组织确定模式，从而得出结论。这些模式提示重要的和以前未知的事件正在发生。通过了解这些模式，组织就可以获得洞察力，使组织能够更有效、更安全或更经济地管理自己，无论研究的最终目标是什么。

模式可以有不同的形式。有时，模式是以测量发生次数的形式出现的。在其他情况下，变量也可能是连续测量的。图 9.1.2 显示了测量模式的两种常见形式。

图 9.1.2   在数据中寻找模式的不同方法

当出现离散的现象时，就把这些现象粘贴到"散点图"上。散点图仅仅是将点放在图表上的集合。在制作散点图的过程中有很多问题，其中一个比较重要的问题是确定一个模式是否相关。在某些情况下，可能会有一些不应该被收集的点。在其他情况下，图表上可能会有一些已经创建的点形成一个以上的模式。需要一位专业的统计学家来确定散点图上发现的点的准确性和完整性。

寻找模式的另一种形式是观察一个连续测量的变量。在这种情况下，通常会有一些感兴趣的阈值水平。只要连续变量在阈值的范围内，就没有问题。但是，当变量超过阈值的一个或多个级别的时候，分析师就会产生兴趣。通常，分析的中心是当变量超过阈值时还发生了什么问题。

一旦事件点被采集并拟合到图表中，下一个问题就是识别假阳性。假阳性是指已经发生的事件，但其原因与研究无关。如果研究了足够多的变量，仅仅因为有足够多的变量相互关联，就会出现假阳性事件。

曾经发生过一个著名的假阳性相关：如果 AFC（美国橄榄球联合会）赢得超级碗，那么下一年的股市就会下跌；但如果 NFC（国家橄榄球联合会）赢得超级碗，那么股市就会上涨。根据这个假阳性，人们可以知道股市会发生什么，从而可以在股市中赚钱。当然，股市的涨跌和谁赢得超级碗之间并没有真正的关联。图 9.1.3 显示了这种名声不太好的假阳性相关。

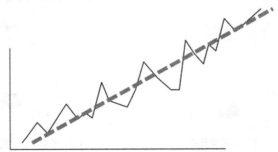

图 9.1.3   一个著名的假阳性结果：用超级碗的冠军来预测股市

实际上，超级碗的冠军与股市的表现并没有真正的关联，赢得一场橄榄球比赛并不是国家经济表现的指标。多年来实际上存在着相关性的事实证明，如果比较足够多的趋势，就会有人在某个地方找到相关性，即使这种相关性是通过简单的巧合发生的。

出现假阳性读数的原因可能有很多。考虑对互联网销售的分析，人们看着销售结果并开始得出结论。在很多情况下，这个结论是正确的，也是有效的，但有一次互联网销售的发生是因为某人的猫在错误的时间走过了键盘，从这样的事件中无法得出合法的结论（图 9.1.4）。假阳性读数可能因大量未知和随机的原因而发生。

```
Internet sales
.....................................
10:01 am customer finds product
10:03 am customer likes product
10:15 am customer wants to purchase product
10:23 am child plays with Internet
10:26 am product color is chosen
10:32 am product is placed in checkout basket
.....................................
A "false" positive
```

图 9.1.4　假阳性

9.1.3　启发式处理

分析性处理与其他类型的处理有着本质上的区别。一般来说，分析性处理被称为"启发式"处理。在启发式处理中，分析的需求是由当前迭代处理的结果发现的。为了理解启发式处理的动态过程，可以考虑经典的系统开发生命周期（SDLC）处理，如图 9.1.5 所示。

在经典的 SDLC 处理中，第一步是收集需求。经典 SDLC 的目的是在下一步开发发生之前收集所有需求。这种方法有时被称为"瀑布"方法，因为在从事下一步开发之前需要收集所有需求。

但启发式处理与类 SDLC 有本质的不同。启发式处理从一些需求开始，你会建立一个系统来分析这些需求。在有了结果之后，你坐下来反思已经取得的结果并重新思考需求。然后，你再重新阐述需求，并进行重新开发和分析。每一次你经历的重新开发工作都

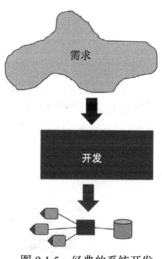

图 9.1.5　经典的系统开发

被称为"迭代"。你继续建立不同的处理迭代的过程，直到取得令发起这项工作的组织满意的结果。

图 9.16 描述了启发式分析方法。启发式过程的一个特点是，在开始的时候，不可能知道要进行多少次反复的再开发，也无法知道启发式分析过程需要多长时间。启发式过程的另一个特点是，在启发式过程的生命周期中，需求可能变化很小，或者需求可能完全改变。同样，我们也不可能知道启发式过程结束时的需求会是什么样子。

由于启发式过程的迭代性，其开发过程比经典 SDLC 环境下的开发过程少了很多形式化的东西，放松了很多。启发式过程的本质是在开发速度上，以及快速产生和分析结果。

9.1.4　冻结数据

启发式过程的另一个特点是需要时常对数据进行"冻结"。在启发式过程中，处理数据的算法是不断变化的。如果被操作的数据也在同时发生变化，那么分析师永远无法判断新的结果是算法变化的结果还是数据变化的结果。因此，只要针对数据的算法在变化，有时

"冻结"正在操作的数据是有用的。

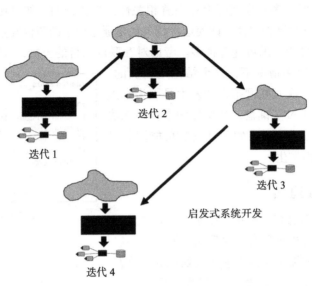

图 9.1.6   迭代法

数据需要冻结的概念与其他形式的处理是相反的。在其他形式的处理中，需要根据尽可能最新的数据进行操作，数据被尽快地更新和改变。而在启发式处理中，情况完全不是这样。图 9.1.7 显示，只要处理数据的算法在变化，就需要冻结数据。

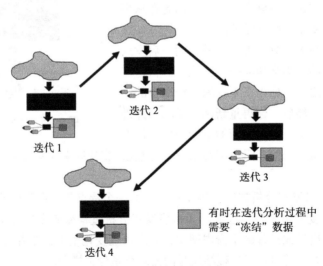

图 9.1.7   冻结数据以确保结果一致

9.1.5 沙箱

启发式处理通常是在所谓的"沙箱"中进行的。沙箱是一个环境，在这个环境中，分析师有机会去"玩弄"数据。分析师可以在某一天用一种方式看数据，而在另一天用另一种方式看数据。分析师在进行何种处理或可以进行多少处理方面不受限制。

之所以需要沙箱，是因为在标准的企业处理中，需要对处理进行严格的控制。在标准环境中，之所以需要对处理进行严格的控制，其中一个原因是资源的限制。在标准的企业运行环境中，需要对所有分析师的处理资源进行控制，这是因为在标准操作环境中需要高性能。但是在沙箱环境中，对分析师没有这样的限制，沙箱环境不需要高性能。因此，分析师可以自由地做任何想做的分析调查。

但需要沙箱环境还有一个原因，就是在标准操作环境下，需要严格控制数据的访问和计算。这是因为，在标准操作环境中，存在安全问题和数据管理问题。但是在沙箱中，就没有这样的顾虑。

沙箱处理的反面是，由于沙箱环境中没有控制，所以在沙箱环境中处理的结果不应该流于形式。沙箱中的处理结果可以带来新的、重要的巨大洞察力。但在洞察力被捕捉到之后，要将洞察力转化为更正式的系统，并纳入标准的运行环境，这样沙箱环境对分析界来说才是巨大的福音。图 9.1.8 显示了沙箱环境。

图 9.1.8　一种分析沙箱

9.1.6　"正常"概况

分析师可以开发的最重要的东西之一是可以被称为"正常"概况的东西。正常概况是被分析的受众的综合情况。

就正常人而言，其概况可能包含性别、年龄、教育程度、所在地、子女数量、婚姻状况等内容，如图 9.1.9 所示。

公司的正常概况可能包括公司规模、地点、所创造的产品 / 服务类型和公司的收入等属性。对于不同环境下的正常概况，有着不同的定义。

正常概况之所以有用，有很多原因。其中一个原因是，概况很有趣。正常概况可以一目了然地告诉管理层系统内部发生了什么。但还有一个非常重要的原因是，当查看大量数据时，通常情况下，查看一条记录并衡量

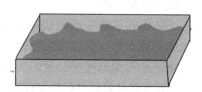

- Female
- 36 years old
- College educated
- Married
- 2 children
- Drives a Honda
- Mortgage of $550,000
- Plays tennis
- Likes Italian food

图 9.1.9　正常概况示例

该记录与正常情况有多大差距是很有用的。而你无法确定一条记录离正常情况有多远，除非首先了解正常情况。

在很多情况下，一个记录离标准越远，它就越有趣。但你无法发现一个远离常态的点，除非你先了解常态是什么。

9.1.7　提炼和过滤

在针对重复的大数据环境进行分析处理时，处理的类型可以分为两种："提炼"处理和"过滤"处理。这两种处理方式都可以根据分析师的需要来进行。

在提炼处理中，处理的结果是单一的结果集，例如创建一个概况。在零售业务中，人们的愿望可能是创建一个正常的概况。在银行业务中，提炼处理的结果可能是创建新的贷款利率。在制造业中，结果可能是确定最佳的制造材料。在任何情况下，提炼过程的结果都是一组单一出现的数值。

在过滤过程中，结果则完全不同。在过滤中，处理的结果是多个记录的选择和细化，

目标是找到所有满足某种标准的记录。一旦找到这些记录，就可以对这些记录进行编辑、操作或做其他改变，以满足分析师的需要。然后，将这些记录输出，进行进一步的处理或分析。

在零售环境中，过滤的结果可能是选择所有高价值客户。在制造业中，过滤的结果可能是选择所有未通过质量测试的最终产品。在医疗保健领域，过滤的结果可能是所有患有某种疾病的病人，等等。

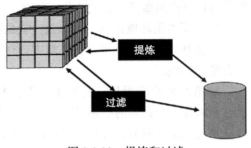

提炼和过滤中的处理方式是完全不同的。提炼的重点是分析和算法处理，过滤的重点是选择记录和编辑这些记录。图 9.1.10 说明了可以针对重复性数据进行的处理类型。

图 9.1.10　提炼和过滤

9.1.8　数据子集

过滤的结果之一是创建数据的子集。由于重复的数据被读取和过滤，结果是将数据创建成不同的子集。对数据创建子集的实际原因有很多，其中一些原因如下：

- ❑ 减少必须分析的数据量。分析和处理一小部分数据比分析混在许多其他无关数据中的同一数据要容易得多。
- ❑ 处理的纯粹性。通过对数据进行子集处理，分析师可以过滤掉不需要的数据，这样分析就可以集中在感兴趣的数据上。创建数据子集意味着分析算法可以专注于分析目标。
- ❑ 安全性。一旦数据被选入子集，就可以得到比数据以未过滤状态存在时更高的安全性保护。

数据子集分析是一种常用的技术，只要有数据和计算机，就一直会被使用。

数据子集的用途之一是为采样奠定基础。在数据采样中，处理过程是针对数据样本而不是针对全部数据集进行的。这样，用于创建分析的资源就会大大减少，创建分析的时间也会大大缩短。而在启发式处理中，做分析的"周转时间"可能非常重要。

在针对大数据进行启发式分析时，采样尤为重要，因为需要处理的数据量很大。图 9.1.11 显示了分析样本的创建。

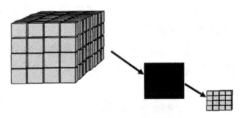

采样有一些缺点。其中一个缺点是，处理样本时得到的分析结果可能与针对整个数据库进行处理时得到的处理结果不同。例如，采样可能会产生这样的结果：客户的平均年龄为 35.78 岁。但当对整

图 9.1.11　创建分析样本

个数据库进行处理时，可能会发现客户的平均年龄是 36.21 岁。在某些情况下，这种结果之间的微小差异是不重要的。在另一些情况下，结果之间的差异确实很明显。采样是否有意义，取决于差异的大小和准确性的重要性。

如果数据稍有不准确的问题不多，那么采样的效果很好。如果事实上希望得到尽可能准确的结果，那么可以针对采样数据进行算法开发。当分析师对采样结果很满意时，就可以针对整个数据库进行最后的运行，从而满足快速分析和获得准确结果的需要。

9.1.9　样本的偏差

采样中出现的一个问题是样本的偏差。当数据被选入采样数据库时，数据总是有偏差的。偏差是什么，以及偏差对最终分析结果的影响有多大，是选择过程的一个函数。在某些情况下，虽然有偏差，但数据的偏差其实并不重要。在其他情况下，由于为采样数据库选择的数据存在偏差，对最终结果产生了实际的影响。

分析师必须时刻注意采样数据偏差的存在和影响。图 9.1.12 表明，在处理采样数据时，存在一个昂贵的精度边际值。

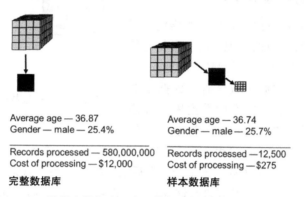

Average age — 36.87
Gender — male — 25.4%

Records processed — 580,000,000
Cost of processing — $12,000

完整数据库

Average age — 36.74
Gender — male — 25.7%

Records processed —12,500
Cost of processing — $275

样本数据库

图 9.1.12　从样本数据库和完整数据库获得的结果之间的差异

9.1.10　过滤数据

过滤数据（尤其是大数据）是一种常见的做法，其原因有很多。实际上几乎可以对数据库中发现的任何属性值进行过滤。图 9.1.13 显示，过滤数据的方法有很多。

虽然数据可以被过滤，但同时，数据也可以被编辑和操作。通常的做法是，利用过滤过程的输出建立记录，对这些记录可以进行排序。通常，排序是通过包含唯一值的属性来完成的。例如，与一个人有关的输出可以将与该人的社会安全号有关的数据作为输出的一部分。或者，制造商品的过滤输出可以具有零件号以及批号和制造日期的属性。或者，如果过滤后的数据来自房地产行业，则可能会有房产地址这一属性并将其作为一个键。图 9.1.14 显示，作为过滤过程的一部分而产生的数据通常包含唯一值的属性。

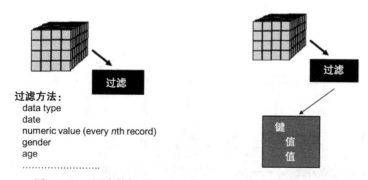

过滤方法：
data type
date
numeric value (every *n*th record)
gender
age
....

图 9.1.13　过滤数据　　　　图 9.1.14　随着对原始数据的过滤，键和值被确定

过滤的一个结果是产生数据的子集。事实上，当数据被过滤时，其结果是创建数据的

子集。然而，创建过滤机制的分析师可能希望将数据子集的创建作为一个为未来分析做准备的机会。

换句话说，在创建子集的过程中做一些规划可能是有用的，这将对未来的分析处理有益。图 9.1.15 显示，当数据被过滤时，数据的子集被创建。

9.1.11 重复性数据及其语境

一般来说，重复性数据很容易产生语境。因为重复性数据中有很多数据出现，而且重复性数据都是类似的结构，所以很容易找到其语境。

当数据出现在大数据领域里时，数据是非结构化的，即数据没有被标准的数据库管理系统管理。因为数据是非结构化的，为了便于使

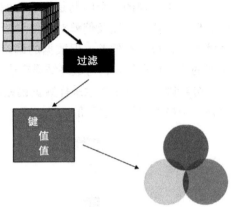

图 9.1.15　一旦数据被过滤，就很容易将其划分为子集

用，重复的数据必须通过解析过程（所有非结构化的数据都是如此）。但由于数据在结构上是重复的，一旦分析师解析了第一条记录，以后所有的记录都会以完全相同的方式进行解析。大数据中的重复性数据必须要进行这种解析，但对重复性数据做解析几乎是一件小事。图 9.1.16 显示，重复性数据的语境通常很容易被找到和确定。

图 9.1.16　寻找重复性数据的语境

当观察重复性数据时，大多数数据都是相当不寻常的。大约只有在重复性数据里面出现的值才是有趣的数据。作为一个例子，我们考虑零售额。零售商的大部分零售额都是 1.00 美元到 100.00 美元，但偶尔一个订单的金额会大于 100.00 美元，这些异常情况对零售商来说是非常有意义的（图 9.1.17）。

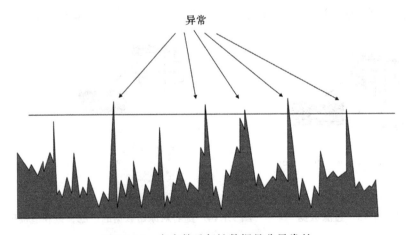

图 9.1.17　大多数重复性数据是非异常的

零售商对以下这些问题感兴趣：

❑ 这些数据出现的频率如何？

❑ 它们有多大？

❑ 还有什么情况与它们同时发生？

❑ 它们是可以预测的吗？

9.1.12 将重复记录链接起来

重复的记录本身就有价值。但偶尔，重复的记录如果被链接在一起，会产生更大的影响。当记录被链接在一起时，如果有逻辑上的原因，就可以从数据中获取更复杂的信息。

重复的记录可以通过多种方式链接在一起，但最常见的方式是通过共同出现的数据值将它们联系在一起。例如，可能有一个共同的客户号将记录链接在一起，或者可能有一个共同的零件号，或者可能有一个共同的零售地点号，等等。

事实上，根据所研究的业务问题，有许多不同的方法可以将重复的记录链接在一起。图 9.1.18 显示，根据记录的业务关系，将重复的记录链接在一起在有些时候是有意义的。

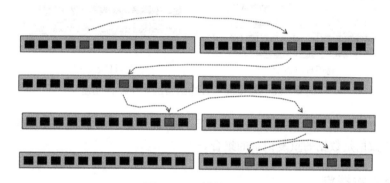

图 9.1.18　链接记录

9.1.13 日志磁带记录

在研究大数据的过程中，日志磁带记录是很常见的。许多组织创建了日志磁带，但有一天却发现这些磁带上有大量的信息从未被使用过。

通常情况下，日志磁带包含的信息都是以一种隐秘的方式存储的。大多数日志磁带都是为了除分析处理以外的目的而编写的，如为了备份和恢复，或者为了创建历史事件的记录。因此，需要一个实用程序来读取和解密日志磁带。该工具读取日志磁带，推断日志磁带上数据的含义，然后将数据重新格式化为可理解的形式。一旦数据被读取并重新格式化，分析师就可以开始使用日志磁带上发现的数据。

大多数日志磁带处理需要消除不相关的数据，日志磁带上出现的许多数据对分析师来说是没有用的。

图 9.1.19 显示了一个典型的日志磁带示意图。在日志磁带上，有许多不同种类的记录。通常情况下，这些记录是按时间顺序写在日志磁带上的。当一个业务事件发生时，就会写一条记录来反映该事件的发生。

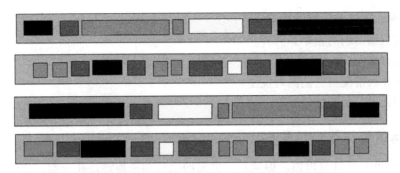

图 9.1.19   日志磁带记录没有规则，且很容易被擦掉

乍一看，这些数据可能像是非重复性数据。的确，从数据物理出现的角度来看，这是一个有效的观点。但是，还有另一个角度来看待日志磁带上发现的数据。这种观点是，日志磁带只是一堆重复性记录的时间顺序累积。图 9.1.20 是看待日志磁带的一种"逻辑"视角。

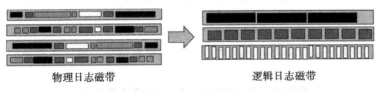

物理日志磁带   逻辑日志磁带

图 9.1.20   看待同一日志磁带的两个不同角度

在图 9.1.20 中可以看出，从逻辑上看，日志磁带只是不同类型记录的顺序集合。从逻辑上看，整体数据是数据的重复记录的集合。

9.1.14   分析数据点

分析数据的方法之一是绘制参考数据点的集合图，这种技术称为创建散点图，如图 9.1.21 所示。

虽然收集和绘制这些点可能只是简单的观察过程，但也可以通过数学手段来表达散点图。可以在这些点上画一条线，这条线代表一个数学计算公式，使用的是所谓的最小二乘法。在最小二乘法中，线表示数学函数，每个点到线的距离的平方和是最小值。

图 9.1.21   散点图

9.1.15   离群值

有时，有一个参考点似乎与所有其他点不协调。在这种情况下，可以放弃这个参考点。这种参考点被称为"离群值"。

在出现离群值的情况下，理论上是存在一些其他因素，与这个参考点的计算有关。去掉离群值并不会影响最小二乘回归分析计算所产生的影响。当然，如果离群值太多，那么分析师必须专注于对离群值发生的原因进行更深层次的分析。但若只有几个离群值，并且有理由去除离群值，那么去除离群值就是一件完全合理的事情。图 9.1.22 描述了线性回归分析的散点图和有离群值的散点图。

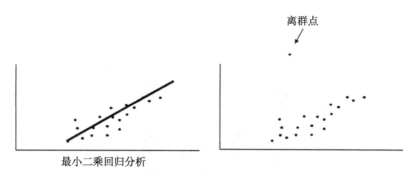

图 9.1.22　最小二乘回归分析

9.1.16　随时间推移的数据

观察随着时间推移的数据是很正常的。这是一种很好的方法，否则就无法获得较好的洞察力。

观察一段时间内的数据变化的标准方法之一是通过帕累托图分析。图 9.1.23 描述了帕累托图中的数据。

图 9.1.23　帕累托图

虽然随时间推移看数据是一种标准和良好的做法，但随时间推移看数据有一个隐蔽的方面。这个方面就是，如果被考察的数据随时间推移的时间很短，那么就没有问题；但如果被考察的数据是在足够长的时间内，那么考察的参数就会发生变化，从而影响数据。

在有限的时刻内考察数据的这种影响，可以用一个简单的例子来说明。假设要考察美国几十年来的 GNP。衡量 GNP 的一种方法是看 GNP 对美元的计量，所以，可以每隔 10 年左右绘制一次全国 GNP。问题是，随着时间的推移，美元的价值意义不同。2015 年美元的价值和 1900 年美元的价值完全不是一回事。如果不根据通货膨胀调整计量参数，对 GNP 的计量就毫无意义。图 9.1.24 显示，随着时间的推移，几十年来美元的基本计量意义是不一样的。

事实上，美元和通货膨胀是很好理解的现象。不那么好理解的是，随着时间的推移，还有其他因素不能像通货膨胀那样容易追踪。

举个例子，假设有人要追踪 IBM 几十年来的收入。由于 IBM 是一家上市公司，所以几十年来 IBM 的收入很容易被获取和跟踪。但不容易追踪的是 IBM 多年来对其他公司的所有收购。看 1960 年的 IBM，再看 2000 年的 IBM，就会有些误导，因为 1960 年的 IBM 公司和 2000 年的 IBM 公司是完全不同的。

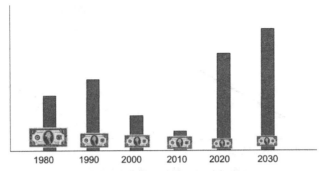

图 9.1.24　元数据参数一直在变化

任何变量的测量参数都会随着时间的推移而不断变化。重复性数据的分析师最好记住这一点，如果有足够的时间，数据测量的模式会随着时间的推移而逐渐改变。

9.2　分析重复性数据

大数据中发现的很多数据都是重复性的。在大数据环境下分析重复性数据与分析非重复性环境下的数据是完全不同的。我们首先看看重复性大数据环境是什么样的。

图 9.2.1 显示，重复性大数据环境中的数据看起来就像很多数据单元端端正正地铺在一起。重复性数据可以被认为是组织成块、记录和属性，图 9.2.2 显示了这种组织。

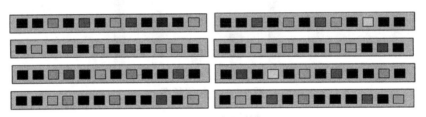

图 9.2.1　重复性数据

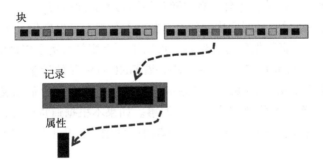

图 9.2.2　重复性数据的元素

一个数据块是一个大的空间分配。系统知道如何找到一个数据块。数据块中加载了数据单元，这些数据单元可以被认为是记录。在数据的记录中是数据的属性。

作为数据组织的一个例子，考虑电话记录。在数据块中发现了许多电话的信息。在每个电话记录中，都有一些基本信息：

- ❏ 打电话的日期和时间
- ❏ 打电话的人
- ❏ 致电对象
- ❏ 打电话的时长

可能还有其他的附带信息，比如电话接线员是否有协助，或者该电话是否是国际电话。但到最后，每一个电话都会反复找到相同的信息属性。

系统知道如何找到一个数据块，但是，当系统找到一个数据块后，分析师就要试图理解在这个数据块中找到的数据。分析师通过"解析"数据来实现这一点，分析师读取数据块中的数据，然后确定记录的位置。找到一条记录后，分析师再确定属性是什么，属性在哪里。如果放进块的记录相似度不高，那么解析的过程会很烦琐。

图 9.2.3 显示，在大数据中遇到数据块时，需要对数据块进行解析。

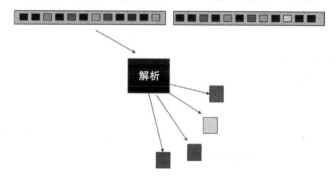

图 9.2.3　分析师通过解析找出块的内容

9.2.1　日志数据

大数据中最常见的一种形式就是日志数据。事实上，很多重要的企业信息都以日志的形式被记录。日志数据看起来并不像其他重复性数据，考虑一下在图 9.2.4 中的对比图。

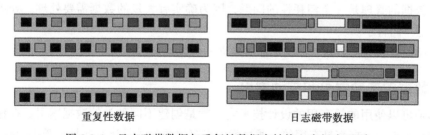

重复性数据　　　　　　　　　　日志磁带数据

图 9.2.4　日志磁带数据与重复性数据在结构上有根本区别

在图 9.2.4 中，重复性数据看起来一点也不像日志数据。反而是在日志数据中，出现了许多不同种类的记录。事实上确实如此，但这种表面上的矛盾可以通过理解这样一个事实来解决，即从逻辑上讲，日志磁带不过是重复性记录的合并。这种现象如图 9.2.5 所示。

尽管一条日志磁带记录是由多条记录组成的且必须进行解析，但好消息是，通常需要解析的记录类型是有限的（不像其他非重复性记录，它只有需要解析的有限记录类型）。图 9.2.6 显示了在解析日志磁带时，需要检查的记录数量是有限的。

图 9.2.5　不同的视角

对重复性数据的分析，首先要了解大数据的存储手段。在很多情况下，大数据都存储在 Hadoop 中。然而，还有其他技术（如 Huge Data）可以管理存储和管理大量数据。

在早先只有结构化数据库管理系统的时代，DBMS 本身就完成了很多基本的数据管理工作。但是在大数据的领域里，很多数据的管理都是由用户来完成的。

图 9.2.7 显示了大数据中一些不同的数据管理方式。使用 Hadoop 时，可以通过接口访问和分析数据，可以访问和解析数据，可以直接访问数据，等等。Hadoop 有加载实用程序，还有其他数据管理实用程序。在大数据中直接访问数据的技术，大部分关注的是两件事：

❏ 数据的读取和解释
❏ 大量数据的管理

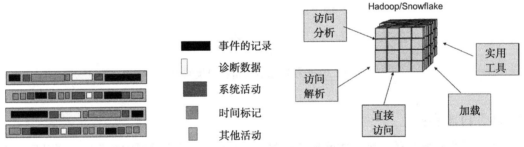

图 9.2.6　日志磁带的典型内容　　图 9.2.7　访问大数据的不同手段

海量数据的管理是一个消耗性的问题，因为确实有大量的数据需要处理。处理大量数据本身就是一门科学。

尽管需要管理大量数据，但仍然需要建立一个数据架构。

9.2.2　数据的主动索引和被动索引

架构师可以使用的最有用的设计技术之一就是创建不同种类的数据索引。在任何情况下，索引对于查找数据都是有用的。通过索引来定位数据总是比直接搜索数据要快。所以，索引在分析处理中占有一席之地。

大多数索引的构建方式是通过从用户访问数据的需求出发，然后构建索引来满足这个需求。当以这种方式建立索引时，可以称为主动索引，因为人们期望索引会被主动使用。

但是还有一种类型的索引可以建立，这种索引是被动索引。在被动索引中，一开始没有用户需求。而是"万一"将来有人想根据数据的组织方式来访问数据，就会建立这个索引。因为没有主动要求建立索引，所以称为被动索引。图 9.2.8 显示了可以建立的主动索引和被动索引。

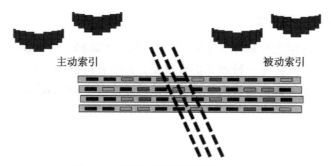

图 9.2.8　访问重复性数据的两种方法

任何索引都是有成本的。最初是建立索引的成本，然后是维护索引的成本，再然后是存储索引的成本。在大数据的领域里，索引通常是由名为"爬虫"的技术建立的。爬虫技术不断搜索大数据，创建新的索引记录。只要数据保持稳定不变，数据只需要做一次索引。但如果增加了数据或者删除了数据，那么就需要不断地更新索引，以保持索引的时效性。而在任何情况下，都会有索引自身的存储成本。图 9.2.9 显示了建立和维护索引的成本。

9.2.3　汇总数据和详细数据

另一个问题是，详细数据和汇总数据是否应该保存在大数据中，如果汇总数据和详细数据都保存在大数据中，那么详细数据和汇总数据之间是否应该有联系？

首先，汇总数据和详细数据没有理由不存放在大数据中，大数据完全可以容纳这两种数据。但是，如果大数据既能存放详细数据又能存放汇总数据，那么详细数据和汇总数据之间是否应该有逻辑上的联系呢？换句话说，详细数据是否应该与汇总数据叠加？

答案是，即使详细数据和汇总数据都可以存储在大数据中，但一旦存储在大数据中，数据之间就没有必然的联系。原因是在计算数据和创建汇总数据的时候，需要有一个算法。这个算法很可能是不存储在大数据中的。所以，只要算法不存储在大数据中，详细数据和汇总数据之间就没有必然的逻辑联系。基于这个原因，详细数据可能与相关的汇总数据叠加起来，也可能不叠加起来，相关的汇总数据可以存储在大数据中。图 9.2.10 显示了大数据内的这种数据关系。

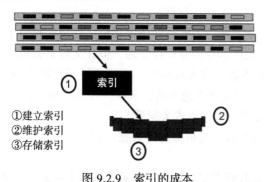

①建立索引
②维护索引
③存储索引

图 9.2.9　索引的成本

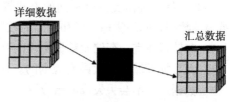

详细数据

汇总数据

图 9.2.10　详细数据可以在大数据中进行汇总和存储

但如果详细数据和汇总数据都应该保存在大数据中，且详细数据不一定要和汇总数据叠加，则至少应该记录创建汇总数据的算法。图 9.2.11 显示，在大数据中，在存储汇总数据的同时，还应该记录算法和详细数据的选择。

9.2.4　大数据中的元数据

虽然数据是大数据存储的本质，但也不能忽视另一类数据——元数据。

元数据有很多种形式，每一种形式都很重要，其中有两种比较重要的形式是原生元数据和派生元数据。原生元数据是解决数据的直接描述性需求的元数据，典型的原生元数据包括以下这些信息：

- ❏ 字段名
- ❏ 字段长度
- ❏ 字段类型
- ❏ 字段识别特征

原生元数据用于识别和描述存储在大数据中的数据。

派生元数据有多种形式，包括以下几个方面：

- ❏ 描述数据的选择方式
- ❏ 说明数据的选择时间
- ❏ 数据来源说明
- ❏ 说明如何计算数据

图 9.2.12 描述了不同类型的元数据。

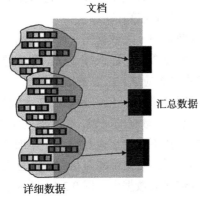

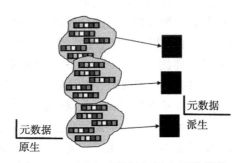

图 9.2.11　进行汇总的时候，也需　　　图 9.2.12　原生元数据与派生元数据的
要记录汇总过程　　　　　　　　　区别

随着元数据被存储在大数据中，出现了一个问题——元数据应该存储在哪里？传统上，元数据被存储在存储库中。存储库在物理上与数据本身是分开存储的，但在大数据领域里，有一些非常好的理由支持以不同的方式管理元数据。在大数据中，将描述性元数据存储在与被描述数据相同的物理位置和相同的数据集中通常是有意义的，其中一些原因如下：

- ❏ 存储很便宜。存储元数据所需的存储成本没有理由成为问题。
- ❏ 大数据领域是不太讲究规则的。让元数据直接与被描述的数据一起存储，意味着元数据永远不会丢失或放错位置。
- ❏ 元数据会随着时间的推移而改变。当元数据直接与被描述的数据一起存储时，元数据和被描述的数据之间总是存在直接关系。换句话说，元数据永远不会与被描述的数据不同步。
- ❏ 处理的简单性。当分析师开始处理大数据中的数据时，永远不会搜索元数据。它总是很容易被定位，因为它总是和被描述的数据在一起。

图 9.2.13 显示，将元数据与大数据中的数据存储在一起是一个好主意。

图 9.2.13　将元数据嵌入实际数据是个好主意

需要注意的是，直接将元数据与存储在大数据中的数据一起存储，并不排除为大数据建立元数据库的可能性。没有什么可以证明，元数据不能和大数据一起存储在数据中，或不能驻留在存储库中。

9.2.5　链接数据

数据的基本问题之一是数据之间如何相互链接。这在大数据中是一个问题，正如这在其他形式的信息处理中也是一个问题。

在经典的信息系统中，数据的链接是通过匹配数据值来完成的。举个例子，一条记录包含社保号，另一条记录也包含社保号。这两个数据单元就可以被链接起来，因为记录中存在着相同的值。分析师可以 99.999 99% 地确信它们有链接的基础。（奇怪的是，由于政府会在个体死亡的时候重新发放社保号，所以分析师不能 100% 保证这种链接是真实的。）

但对于大数据带来的非结构化数据（即文本数据），有必要容纳另一种涉及数据链接的关系——数据的概率链接。

数据的概率链接是基于概率而非实际值的链接。凡是有文字的地方都会产生概率性链接。例如，考虑基于名字的数据链接。假设在不同的记录中有两个名字——Bill Inmon 和 William Inmon。这些值是否应该被链接？这些名字应该被链接的概率很高。但这只是一个概率，而不是确定性的。假设有两条记录中出现了 William Inmon 这个名字，这些记录是否应该链接起来？

一条记录指的是亚利桑那州的一个连环杀手，另一条记录指的是科罗拉多州的一个数据仓库作家。（这是一个真实的例子，请在互联网上查证。）这两个人的名字都一样，但他们是非常不同的人。

当涉及文本时，链接是基于匹配的概率而不是匹配的确定性来完成的。图 9.2.14 描述了大数据中链接的不同种类。

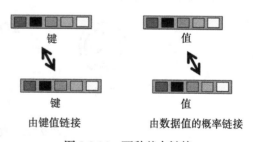

图 9.2.14　两种基本链接

9.3　重复性分析的进阶知识

9.3.1　内部数据和外部数据

因为大数据的存储成本非常低廉，所以可以考虑存储来自外部的数据。在早些年，由于存储成本的原因，企业考虑存储的数据只有内部产生的数据。但随着大数据的出现和存储成本的降低，现在可以考虑存储外部数据和内部数据。

存储外部数据的问题之一是查找和使用标识符的问题。但是文本消歧可以用在外部数据上，就像针对内部数据一样，所以完全可以为外部数据建立离散的标识符。图 9.3.1 显示，在大数据中存储外部数据是现实的。

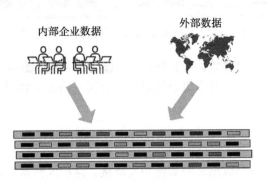

图 9.3.1   重复性数据几乎可以来自任何地方

9.3.2   通用标识符

随着数据被存储在大数据中，以及随着文本消歧被用于将数据纳入标准的数据库格式，出现了通用标识符或通用测量的问题。因为数据来自如此不同的来源，而且不同来源的数据很少或没有规则和统一性，同时需要将数据与通用测量联系起来，所以需要在数据来源的整个领域中建立统一的测量特征。

一些通用测量是相当明显的，其他通用测量则不明显。三种标准的或普遍的数据测量如下（图 9.3.2）：

❑ 时间——格林威治标准时间
❑ 日期——儒略日
❑ 货币——美元

图 9.3.2   数据的一些标准测量

无疑，还有其他通用的测量方法。而这些测量方法都有自己的特点。

格林威治标准时间（GMT）是贯穿英国格林威治的子午线上的时间。关于 GMT 的好消息是，人们对该时间有普遍的理解。坏消息是，它与世界上其他 23 个时区的时间不一致。但至少，世界上至少还有一个地方对时间有一致的理解。

儒略日是指从公元前 4713 年 1 月 1 日的第 0 天开始的日期顺序计数。儒略日的价值在于它是通用的，它把天数减少到一个序数。在标准历法中，计算 2014 年 5 月 16 日到 2015 年 1 月 3 日之间有多少天，是一件很复杂的事情。但用儒略日，这样的计算就非常简单了。

美元和其他衡量货币的标准一样好。但即使是美元也有挑战，例如，美元和其他货币之间的兑换率是不断变化的。如果你在 2 月 15 日计算美元对另一种货币的兑换值，然后又在 8 月 7 日进行同样的货币兑换，你得到的值很有可能是不同的。但是，在所有其他因素都相同的情况下，美元是衡量财富的一个很好的经济指标。

9.3.3 安全性

数据（不仅仅是大数据）的另一个重要和严重的问题是安全性问题。数据需要保证安全性的原因简直是数以百计：

- 由于隐私原因，医疗数据需要安全性保护。
- 个人财务数据需要安全性保护，因为它会被盗用而造成个人损失。
- 由于内部交易法，企业财务数据需要保证安全性。
- 企业活动需要安全性保护，因为需要对商业机密进行保密。

在安全性问题上，有很多原因会导致某些数据需要得到谨慎的处理。图 9.3.3 显示了安全的必要性。

安全性有很多方面，这里只提及其中的几个主要方面。最简单（也是最有效）的安全形式是加密。加密是用加密值代替数据的实际值的过程。例如，你可以将文本"Bill Inmon"替换为"Cjmm Jmopm"。在这种情况下，我们仅仅是用字母表中的下一个字母代替了实际值。一位资深的密码学家需要大约 1ns 的时间来解密数据。但是，一位资深的加密分析师可以找出更多的方法来加密数据，即使是最老练的分析师也会被难倒。

在任何情况下，加密数据的过程都是常用的。通常，数据字段在数据内进行加密。例如，在保健行业，只有身份识别信息被加密，其余的数据不受影响。这样的话，数据就可以用于研究，而不会危及数据的隐私。图 9.3.4 显示了对数据字段进行加密的过程。

图 9.3.3 安全性始终是一个问题

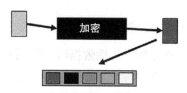

图 9.3.4 对数据字段进行加密

与加密有关的问题很多，其中一些问题如下：

- 加密算法的安全性如何？
- 谁可以解密数据？
- 需要添加索引的字段是否应该被加密？
- 解密密钥应该如何保护？

其中一个比较有趣的问题是加密的一致性。假设你加密了"Bill Inmon"这个名字，并且以后你需要再一次加密这个名字。在这种情况下，你要确保在任何需要加密的地方，Bill Inmon 这个名字的加密结果都是一样的。也就是说，你需要确保加密的一致性。这一点很有必要，因为如果需要基于加密值来链接记录，若没有加密的一致性，你就无法完成。图 9.3.5 显示了加密一致性的必要性。

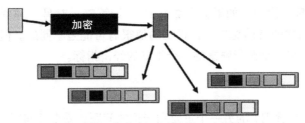

图 9.3.5   加密的一致性是一个问题

安全性的另一个有趣的方面是看谁在试图查看加密数据。对加密数据的访问和分析可能纯属无意，但也有可能根本不是无意的。通过检查日志磁带并查看谁在试图访问什么数据，分析师可以确定是否有人在试图访问他们不应该看的数据。图 9.3.6 显示，检查日志磁带是确定是否存在安全漏洞的好方法。

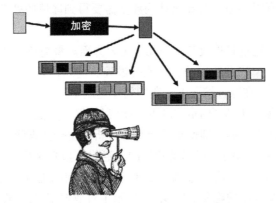

图 9.3.6   谁在看我们的加密数据

9.3.4   过滤和提炼

在分析重复性数据时，有两种基本的处理方式——提炼和过滤。在数据提炼中，选择并读取重复性记录，然后对数据进行分析，寻找平均值、总值、异常值等。分析结束后，得到单一的结果，这就是提炼过程。

通常情况下，提炼是按项目进行的，或者是不定期地无计划进行的。图 9.3.7 为重复性数据的提炼过程。

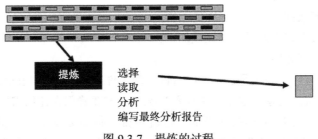

提炼

选择
读取
分析
编写最终分析报告

图 9.3.7   提炼的过程

针对重复性数据所做的另一种处理是过滤重复性数据和重新格式化重复性数据。数据的过滤与提炼类似，都是对数据进行筛选和分析。但数据过滤的输出是不同的。在过滤中，有很多记录是处理的输出。过滤是有规律、有计划地进行的。图 9.3.8 描述了数据的重复记录的过滤。

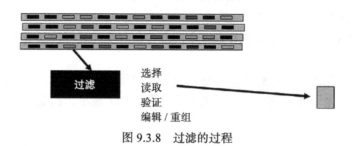

图 9.3.8　过滤的过程

9.3.5　归档结果

针对重复性数据所做的分析处理，很多都是项目型的。而以项目为基础进行的分析处理有一个问题：项目完成后，结果要么被丢弃，要么被放入"樟脑丸"。直到做另一个项目的时候，才会出现问题。当开始一个新的项目时，看看在这个分析之前存在什么分析，这是非常方便的。其中可能会有重叠，可能有互补的处理。即使没有重叠和互补，对之前的分析是如何发展的描述也是有用的。

因此，在一个项目结束时，建立项目档案是很有用的。可能纳入档案的典型信息可能包括以下内容：

- ❏ 哪些数据进入了项目
- ❏ 如何选择数据
- ❏ 使用了哪些算法
- ❏ 该项目有多少次迭代
- ❏ 取得了哪些成果
- ❏ 结果存储在哪里
- ❏ 谁实施了该项目
- ❏ 进行该项目需要多长时间，谁赞助了该项目

图 9.3.9 表明，建立项目档案是一件有价值的事情。至少应该收集和存储项目创建的结果，如图 9.3.10 所示。

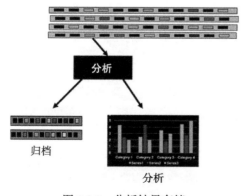

图 9.3.9　分析结果存档

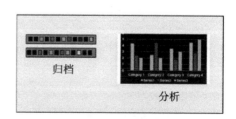

图 9.3.10　记录输出

9.3.6   衡量指标

在重复性分析开始时，值得确立衡量指标，以确定一个项目是否实现了目标。项目的开始就是描述这种衡量指标的最佳时机。

但在一开始就描述衡量指标也存在一个问题：在启发式运行的项目中，很多指标无法明确。

尽管如此，粗略地描述指标至少能体现出项目的重点。衡量指标可以用非常宽泛的术语来描述，没有必要将指标定义到很低的水平。图 9.3.11 显示，衡量指标定义了项目何时成功或不成功。

图 9.3.11   越过终点线

第 10 章
非重复性数据

10.1 非重复性数据的基础知识

大数据环境中存在两种类型的数据——重复性数据和非重复性数据。重复性数据相对容易处理，因为数据的结构具有重复性。但是，非重复性数据却不容易处理，因为在非重复性环境中的每一个数据单元在被用于分析处理之前，都必须对其进行单独的解释。图10.1.1 显示了非重复性数据在大数据环境中的原始状态下的表示。

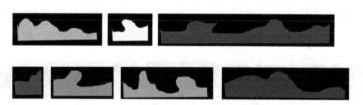

图 10.1.1 非重复性数据

大数据中发现的非重复性数据被称为"非重复性"是因为每个数据单元都是唯一的。如图 10.1.2 所示，非重复环境中的每一个数据单元都与前一个数据单元不同。

图 10.1.2 巨大的差异

大数据环境下的非重复性数据有很多例子，其中一些例子包括：

❑ 电子邮件数据
❑ 呼叫中心数据
❑ 企业合同
❑ 保修索赔
❑ 保险索赔

有可能两个单元的重复性数据实际上是相同的，图 10.1.3 显示了这种可能性。

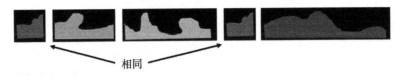

相同

图 10.1.3   唯一的相似之处是偶然的

作为两个非重复性数据单元相同的例子，假设有两封只包含一个单词"yes"的电子邮件。在这种情况下，这两封邮件是完全相同的，但这只是一种随机行为。

一般来说，当大数据环境中包含文本时，存储在大数据中的数据单元是非重复性的。

处理非重复性数据的一种方法是使用搜索技术。虽然搜索技术完成了扫描数据的任务，但还有很多不足之处。搜索技术的两个主要缺点是：搜索数据不能留下可用于分析目的的数据库，搜索技术不能查看或提供被分析文本的语境。而且，搜索技术还有其他的局限性。

为了对非重复性数据进行扩展的分析处理，需要读取非重复性数据，并将非重复性数据转化为标准的数据库格式。有时，这个过程被说成是把非结构化的数据变成结构化的数据，这的确是对所发生的事情进行了很好的描述。

读取非重复性数据并将其转化为数据库的过程被称为"文本消歧"或"文本 ETL"。文本消歧是一个复杂的过程，因为它所处理的语言是复杂的，这是无法回避的事实。

在大数据中，用文本消歧法处理非重复性数据的结果就是建立一个标准数据库。一旦数据被放入标准数据库的形式，就可以用标准的分析技术对其进行分析。图 10.1.4 所示为文本消歧的机制。

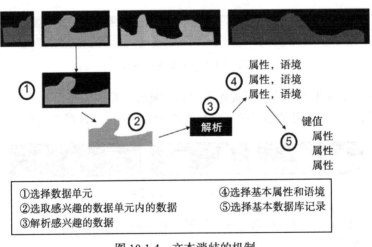

属性，语境
属性，语境
属性，语境

键值
属性
属性
属性

解析

①选择数据单元   ④选择基本属性和语境
②选取感兴趣的数据单元内的数据   ⑤选择基本数据库记录
③解析感兴趣的数据

图 10.1.4   文本消歧的机制

文本 ETL 中的一般处理流程是这样的。第一步是查找和读取数据。通常情况下，这一步是很直接的。但偶尔也要"解开"数据，才能继续进一步的处理。在某些情况下，数据是以单元为单位驻留的。这是"正常"（或简单）的情况。但在另一些情况下，数据单元合并成一个文档，必须将数据单元隔离在文档中才能进行处理。

第二步是检查数据单元，确定哪些数据需要处理。在某些情况下，需要处理所有的数据。在另一些情况下，只需要处理某些数据。一般来说，这一步也很直接。

　　第三步是对非重复性数据进行"解析"。解析这个词有一点误导性，因为正是在这一步中，系统应用了大量的逻辑。解析这个词暗示着一个简单明了的过程，而这里发生的逻辑并非简单明了。本章的其余部分将讨论其中的逻辑。

　　非重复性数据被解析后，数据的属性、数据的键值、数据的记录都会被识别出来。一旦确定了键值、属性和记录，就可以直接把数据变成标准的数据库记录。

　　以上就是在文本消歧中发生的事情。文本消歧的核心是对非重复性数据进行分析，并将其转化为键值、属性和记录时发生的逻辑处理。

　　这里发生的逻辑活动大致可以分为几类，图 10.1.5 显示了这些类别。文本消歧所应用的逻辑的基本活动包括以下几个方面：

- ❑ 语境化，数据的语境被识别和捕获。
- ❑ 标准化，文本的某种类型被标准化。
- ❑ 基本编辑，文本的基本编辑被施行。

　　事实上，文本消歧还有其他功能，但这三种活动分类包含了大部分重要的处理方式。本章的其余部分将对文本消歧中的逻辑进行解释。

10.1.1　内嵌式语境化

　　语境化的一种形式被称为"内嵌式语境化"（有时称为"命名值"处理）。内嵌式语境化只有在文本具有重复性和可预测性的情况下才会采用。需要注意的是，在很多情况下，文本没有可预测性，所以在这种情况下不能使用内嵌式语境化处理。

　　内嵌式语境化是指通过观察该词或短语之前和之后的文字来推断出语境。作为一个简单的内嵌式语境化的例子，可以考虑原始文本"2. This is a PAID-UP LEASE."。

　　语境的名称将是合同类型。开始分隔符为"2. This is a"，结束分隔符为"."，系统将在分析数据库中生成如下条目：

Document name, byte, context—contract type, value—PAID-UP LEASE

图 10.1.6 显示了系统处理原始文本以确定内嵌式语境的活动。

图 10.1.5　文本消歧的不同类型

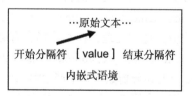

图 10.1.6　寻找开始和结束分隔符

　　注意，开始分隔符必须是唯一的。如果你要指定"is a"作为开始分隔符，那么每一个出现"is a"的地方都会被限定。而且可能在很多地方会发现"is a"这个词，但这些地方没有指定内嵌式语境。

　　另外，请注意，必须准确地指定结束分隔符。在这种情况下，如果该词条不以"."结尾，系统将不认为该词条是命中的。

　　因为必须准确地指定结束分隔符，所以分析师还指定了一个最大字符数。最大字符数告诉系统要搜索到什么程度才能确定结束分隔符是否被找到。

有时，分析师希望内嵌式语境搜索在一个特殊字符上结束。在这种情况下，分析师指定需要的特殊字符。

10.1.2 分类法和本体论处理

指定语境的另一个强有力的方法是使用分类法和本体论。

分类法对语境化有很多重要的作用。首先是适用性。内嵌式语境化要求文本具有重复性和可预测性，而分类法则没有这样的要求。分类法几乎适用于任何地方。分类法的第二个有价值的特点是可以对外应用。这意味着，分析师在选择适用的分类法时，可以极大地影响对原始文本的解释。

例如，假设分析师要对"President Ford drove a Ford."这句话进行分类分析。如果分析师希望推断的解释是关于汽车的，那么分析师会选择一个或多个分类法，将"Ford"解释为汽车。但如果分析师要选择一个与美国总统的历史有关的分类法，那么"Ford"一词就会被解释为美国前总统。这时，分析师有权决定将正确的分类法应用到要处理的原始文本上。从图 10.1.7 中可以看到分类法对原始文本进行处理的机制。

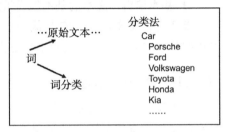

作为将分类法应用于原始文本的一个简单例子，请看下面的例子。原始文本为" ...she drove her Honda into the garage..."，所使用的简单分类法如下：

图 10.1.7　根据原始文本进行处理的分类法

❏ Car

❏ Porsche

❏ Honda

❏ Toyota

❏ Ford

❏ Kia

❏ Volkswagen

当将分类法与原始文本进行对比时，结果如下：

Document name, byte, context—car, value—Honda

为了适应其他的处理，在某些场合有必要建立第二个条目：

Document name, byte, context—car, value—car

为什么有时在分析数据库中产生第二个条目是有用的？因为有时你想处理所有的值，而你希望语境作为一个值来处理。这就是为什么系统偶尔会在分析数据库中产生两个条目的原因。

请注意，文本 ETL 在分类法 / 本体论上操作，就像分类法是一个简单的词对一样。事实上，分类法和本体论比简单的词对要复杂得多。但是，即使是最复杂的分类法也可以分解成一系列简单的词对。

一般来说，分类法作为语境的一种使用方式，是分析师在确定原始文本的语境时最有力的工具。

10.1.3 自定义变量

另一种非常有用的语境化形式是确定和创建可称为"自定义变量"的变量。几乎每个组织都有自定义变量。自定义变量是指完全可以从单词或短语的格式中识别出来的单词或短语。作为一个简单的例子，一个制造商可能会有形如"AK-876-uy"的零件号。一般来说，零件号的通用形式为"CC-999-cc"。在这种情况下，"C"表示大写的字符，"–"表示文本"–"，"9"表示任何数字位，"c"表示小写的字符。

通过观察一个词或短语的格式，分析师可以立刻知道这个变量的语境。图10.1.8 显示了如何使用自定义变量处理原始文本。

图10.1.8　自定义变量格式处理

作为使用自定义变量的一个例子，可以考虑下面的原始文本：

...I want to order two more cases of TR-0987-BY to be delivered on...

处理原始文本后，在分析数据库中会创建以下条目：

Doc name, byte, context—part number, value—TR-0987-BY

需要注意的是，有几个常用的自定义变量。一种（在美国）是999-9999-9999，这是电话号码的通用模式。或者还有一种是999-99-99-9999-9999，这是社保号码的通用模式。

分析师可以根据原始文本创建任何希望处理的模式。唯一有时会出现的麻烦是，不止一种类型的变量与另一个变量具有相同的格式。在这种情况下，在尝试使用自定义变量时就会出现混乱。

10.1.4　同形异义词消解

一种强大的语境化形式就是所谓的"同形异义词消解"。为了理解同形异义词消解，请考虑以下（非常真实的）例子。一些医生正试图解释医生的笔记，"ha"这个词给医生们出了一道难题。当心脏病医生写下"ha"时，心脏病医生指的是"心脏病发作"；当内分泌科医生写"ha"的时候，内分泌科医生指的是"甲型肝炎"；当全科医生写"ha"的时候，全科医生指的是"头痛"。

为了建立正确的分析数据库，必须正确解释"ha"这个词。如果对"ha"这个词解释不当，那么患有心脏病、甲肝、头痛的人都会混在一起，那肯定会产生错误的分析。

同形异义词消解有几个要素。第一个要素是同形异义词本身，在本例中，同形异义词是"ha"。第二个要素是同形类，本例中的同形异义词类别包括心脏病专家、内分泌专家和全科医生。同形异义词消解是指：对于心脏病专家来说，"ha"表示"心脏病"；对于内分泌专家来说，"ha"表示"甲肝"；对于全科医生来说，"ha"表示"头痛"。

同形异义词消解的第四个要素是，必须有典型的词被分配到每个同形异义词类别。例如，心脏病专家可能会与"主动脉""支架""旁路"和"瓣膜"等词联系在一起。

可见，同形异义词消解有四个要素：
- ❑ 同形异义词
- ❑ 同形异义词类别
- ❑ 同形异义词消解
- ❑ 与同形异义词类别相关的典型词

图 10.1.9 显示了如何针对原始文本进行同形异义词消解处理。

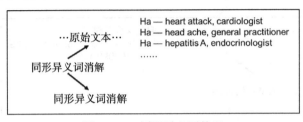

图 10.1.9   同形异义词处理

假设原始文本为 "...120/68, 168 lbs, ha, 72 bpm, f, 38，..."。在处理原始文本时，数据库中的条目可能如下：

Document name, byte, context—head ache, value—ha

必须谨慎对待同形异义词的规范。系统为消解同形异义词所做的基础工作是相当大的，所以，系统的开销是一个问题。

此外，如果没有一个同形异义词类别是合格的，分析师可以指定一个默认的同形异义词类别。在这种情况下，系统将默认为分析师指定的同形异义词类别。

10.1.5   缩略词消解

一个相关的消解方式是缩略词消解。缩略词在原始文本中随处可见，是通信中的标准部分。此外，缩略词往往围绕着一些主题领域而聚集。有 IBM 的缩略词，有军方的缩略词，有 IMS 的缩略词，有化学的缩略词，有微软的缩略词，等等。

为了清楚地理解一份通信文件，建议消解缩略词。文本 ETL 具备消解缩略词的能力。当文本 ETL 读取原始文本并发现一个缩略词时，文本 ETL 会用字面值替换该缩略词。图 10.1.10 显示了文本 ETL 如何读取原始文本并在发现缩略词时进行消解。

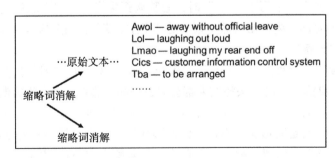

图 10.1.10   处理缩略词

举个缩略词消解的例子，假设有以下文字：

Sgt Mullaney was AWOL as of 10:30 p.m. on Dec 25...

以下条目将被放入分析数据库：

Document name, byte, context—absent without official leave, value—AWOL

文本 ETL 通过区分类别来组织消解相关的术语，也可以在与消解相关的术语被加载到系统之后对其进行定制。

10.1.6 否定分析

有时，文本会说某事没有发生，而不是说某事发生了。如果使用了标准的语境，就会提到某件事没有发生。为了确保文本中含有否定句，否定需要被文本 ETL 识别。

例如，如果一份报告说 "...John Jones did not have a heart attack..."，就不需要提到 John Jones 患有心脏病，而是需要提及 John 没有心脏病发作这一事实。

实际上，文本 ETL 可以用很多不同的方式来进行否定分析。最简单的方法是建立一个否定词的分类法："none, not, hardly, no, ..."，并跟踪已经出现的否定词。然后，如果一个否定词与同一句话中的另一个词发生了连接，就可以推断出某件事情没有发生。图 10.1.11 显示了如何处理原始文本以创建一种形式的否定分析。

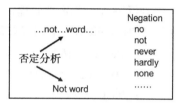

图 10.1.11　否定分析

作为否定分析的一个例子，考虑原始文本 "...John Jones did not have a heart attack..."。

生成的数据如下：

Document name, byte, context—negation, value—no

Document name, byte, context—condition, value—heart attack

对否定分析一定要谨慎，因为不是所有的否定形式都容易处理。好消息是，语言中大多数形式的否定是直接的，很容易处理。坏消息是，有些形式的否定需要复杂的技术来进行文本 ETL 管理。

10.1.7 数值标记

另一种有用的语境化形式是数值标记。文档中包含多个数值是正常的，一个数值表示一种东西，另一个数值表示另一种东西也是正常的。

例如，一份文件可能含有以下内容：

- ❑ 支付金额
- ❑ 滞纳金收费
- ❑ 利息金额
- ❑ 偿付金额
- ❑ 诸如此类

对分析文件的分析师来说，"标记"不同的数值是最有帮助的。这样一来，分析师就可以简单地通过其含义来引用数值。这使得对包含多个数值的文档的分析变得非常方便。（换个说法，如果不在文本 ETL 处理时进行标记，那么访问和使用文档的分析师就必须在分析文档时进行分析，这是一个费时费力的过程。在文本 ETL 处理时对一个数值进行标记就简单多了。）图 10.1.12

图 10.1.12　标记数值

显示了如何读取原始文本以及如何为数值创建标记。

作为义本 ETL 如何读取文档并标记一个数值的例子，考虑以下原始文本：

Raw text—"...Invoice amount"—"$813.97,..."

放在分析数据库中的数据如下：

Document name, byte, context—invoice amount, value—813.97

10.1.8 日期标记

日期标记的操作与数字标记的操作基础相同。唯一不同的是，日期标记的操作是以日期为基础，而不是以数字为基础。

10.1.9 日期标准化

当有多个文档需要管理，或者当一个文档需要根据日期进行分析时，日期标准化就很有用。日期的问题在于它可以有很多格式化的方式。日期的一些常见格式化方式包括以下几种：

❑ May 13, 2104

❑ 23rd of June, 2015

❑ 2001/05/28

❑ 14/14/09

虽然我们可以读懂这些形式的数据并理解其中的含义，但计算机却不能。数据标准化通过文本 ETL 读取数据，将其识别为日期，识别出用文本表示的是什么日期值，并将日期值转换为标准值。然后将标准值存储在分析数据库中。图 10.1.13 显示了文本 ETL 如何读取原始文本并将日期值转换为标准值。

图 10.1.13　将日期转换为标准格式

作为文本 ETL 对原始文本进行处理的一个例子，考虑以下原始文本：

...she married on July 15, 2015 at a small church in Southern Colorado...

为分析数据库生成的数据库参考文献将如下所示：

Document name, byte, context—date value, value—20150715

10.1.10 列表处理

文本中有时会包含列表，需要对列表进行处理，而不是将其作为连续的文本字符串来处理。文本 ETL 可以识别和处理列表，图 10.1.14 显示了在文本 ETL 中如何将原始文本读取并处理成一个可识别的列表。

考虑如下的原始文本：

"Recipe ingredients:

1—Rice

2—Salt

3—Paprika

4—Onions

.....................”

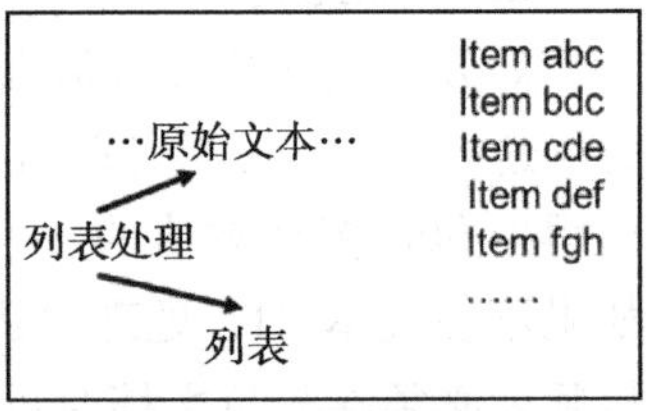

图 10.1.14　列表处理

文本可以读取列表,并这样处理:

Document name, byte, context—list recipe element 1, value—rice

Document name, byte, context—list recipe element 2, value—salt

Document name, byte, context—list recipe element 3, value—paprika

10.1.11 关联词处理

有时,有些文档在结构上是重复的,但在单词或内容上却没有重复。在这样的情况下,可能需要使用文本 ETL 的一个功能,即关联词处理。

在关联词处理中,要建立一个精心设计的数据定义结构;然后,根据词的共同含义对结构内的词进行定义。图 10.1.15 描述了关联词处理。

图 10.1.15 关联词处理

作为关联词处理的一个例子,考虑以下原始文本:

Contract ABC, requirement section, required conferences—every two weeks,...

分析数据库的输出可能是这样的:

Document name, byte, context—scheduled meeting, value—required conference

10.1.12 停用词处理

也许,在文本 ETL 中做的最直接的处理就是停用词处理。停用词是指对于正确的语法来说是必要的,但对于理解所讲内容的意思来说是无用的或必要的词。典型的英语停用词有"a""and""the""is""that""what""for""to""by"等。西班牙语中典型的停用词有"el""la""es""de""que""y"等。所有以拉丁语为基础的语言都有停用词。

在做文本 ETL 处理时,停用词被删除。分析师有机会自定义产品附带的停用词列表。去掉不必要的停用词,有减少用文本 ETL 处理原始文本的开销的作用。图 10.1.16 显示了正在被文本 ETL 处理的停用词。

为了了解停用词处理的工作原理,请考虑下面的原始文本:

...he walked up the steps, looking to make sure he carried the bag properly...

去掉停用词后,生成的原始文本会像下面这样:

...walked steps looking carried bag...

10.1.13 词干提取

文本 ETL 的另一个有时很有用的编辑功能是词干提取。以拉丁文为基础的单词都有词干。同一个词通常有多种形式。考虑一下词干"mov",其不同形式包

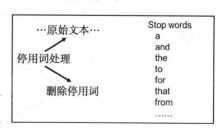

图 10.1.16 停用词处理

括 move、mover、moves、moving 和 moved。请注意，词干本身可能是也可能不是一个实际的单词。

通常情况下，对使用相同词干的文本进行关联是很有用的。如图 10.1.17 所示，在文本 ETL 中，很容易将一个词约简成其词干。

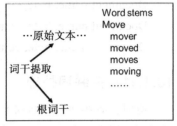

图 10.1.17　词干提取

为了了解文本如何处理词干，可以考虑以下原始文本：

...she walked her dog to the park...

由此产生的数据库条目如下：

Document name, byte, stem—walk, value—walked

10.1.14　文档元数据

有时，为组织管理的文档创建索引是有帮助的。可以在只有索引的地方创建索引，也可以结合文本 ETL 中的所有其他功能创建索引。这两种类型的设计都有业务上的理由。文件索引的典型内容包括以下数据：

- ❏ 文档创建日期
- ❏ 最后查阅文档的日期
- ❏ 文档最后更新日期
- ❏ 文档创建者
- ❏ 文档长度
- ❏ 文档标题或名称

图 10.1.18 显示，文档元数据可以通过文本 ETL 创建。

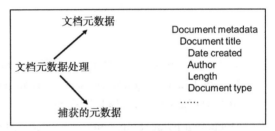

图 10.1.18　处理文档元数据

假设组织有一份合同文档。对合同文档运行文本 ETL，可以在分析数据库中产生以下条目：

Document name, byte, document title—Jones Contract, July 30, 1995,32651 bytes, by Ted Van Duyn, ...

10.1.15　文档分类

除了能够收集文档元数据外，还可以将文档进行分类索引。以文档分类为例，假设企业是一家石油公司。对石油公司的文档进行分类的一种方法是根据文档属于组织的哪一部分。有些文档是关于勘探的，有些文档是关于石油生产的，有些文档是关于炼油、石油分销和石油销售的。

文本 ETL 可以读取文档，并确定文档属于哪个分类。图 10.1.19 是原始文本的阅读和文档的分类。

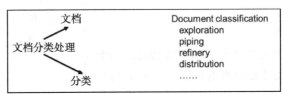

图 10.1.19　文档的分类

作为文档分类的一个例子，假设企业有一份关于深水钻井的文档。由此产生的数据库条目如下：

Document, byte, document type—exploration, document name

10.1.16　邻近度分析

偶尔，分析师需要考虑一些相互邻近的词或分类法。例如，当一个人看到"纽约洋基队"这几个字时，想到的是一支棒球队。但当"纽约"和"洋基"这两个词隔着两三页文字的时候，想到的是完全不同的东西。

因此，在文本 ETL 中，能够进行所谓的"邻近度分析"是非常有用的。邻近度分析对实际的词或分类法（或这些元素的任意组合）进行操作。分析师指定要分析的词 / 术语，给出一个邻近值，说明这些词在文本中需要多近，并给邻近度变量命名。图 10.1.20 显示了对原始文本进行的邻近度分析。

作为对原始文本进行邻近度分析的一个例子，假设有一些原始文本：

...away in a manger no crib for a child...

假设分析师指定了 manger、child 和 crib 这三个词是构成邻近度变量——babyJesus 的词。处理结果如下：

图 10.1.20　邻近度分析

Document name, byte, context—manger, crib, child, value—baby Jesus.

在进行邻近度分析时一定要谨慎，因为如果有很多邻近度变量需要寻找，就会消耗大量的系统资源。

10.1.17　文本 ETL 中的函数序列化

在文本 ETL 中会出现许多不同的函数。考虑到文档和需要进行的处理，函数的完成顺序对结果的有效性有很大影响。事实上，函数的顺序可能决定了所得的结果是否准确。

因此，文本 ETL 的一个比较重要的特点是能够对函数的执行顺序进行序列化。图 10.1.21 显示，不同的函数可以由分析师自行决定顺序。

10.1.18　内部引用完整性

为了跟踪许多不同的变量和许多不同的关系，文本 ETL 有着复杂的内部结构。为了使任何给定的文本 ETL 迭代能够正确执行，内部关系必须被正确定义。换句话说，如果文本 ETL 内部的关系没有被正确定义，文本 ETL 将无法正确执行，得到的结果也不会有效和准确。

以文本 ETL 的内部关系为例，需要定义一个文档。一旦定义了一个文档，就可以为该文档创建不同的索引。一旦定义了不同的索引，就必须定义用来定义索引的分

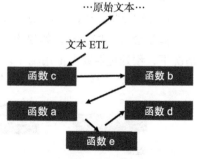

图 10.1.21　对文本 ETL 的诸多函数进行序列化

隔符。在文本 ETL 能够准确运行之前，整个基础设施必须到位。

为了确保所有的内部关系都被准确定义，文本 ETL 必须在文本 ETL 运行前执行验证处理。图 10.1.22 显示了验证处理的必要性。

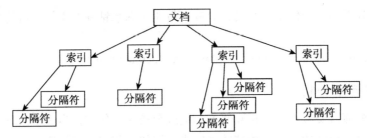

数据定义的内部结构错综复杂，需要在处理前对关系的引用完整性进行
检查和验证

图 10.1.22   验证处理

如果发现任何一个或多个内部关系不正常或没有定义，验证过程就会发送一条消息，识别出不正常的关系，并宣布验证过程没有正常通过。

10.1.19   预处理和后处理

文本 ETL 中的处理有很强的复杂性。在大多数情况下，文档完全可以在文本 ETL 的范围内进行处理。但是，在某些情况下，如果有必要的话，可以对文档进行预处理或后处理（或两者兼而有之）。图 10.1.23 显示，文本 ETL 可以包含预处理或后处理中的一种或两种。

图 10.1.23   预处理和后处理

文本 ETL 的设计是为了在程序范围内做尽可能多的处理。预处理和后处理都不是工作流的必需部分，这是因为开销。在做预处理或后处理时，处理的开销都会提升。

如果有必要进行预处理，那么在预处理过程中会发生若干活动。其中一些活动包括：

❑ 过滤不想要的和不需要的数据
❑ 数据的模糊逻辑修复
❑ 数据的分类
❑ 数据的原始编辑

图 10.1.24 显示了发生在预处理器内部的处理过程。

偶尔会有一些文档，如果不先经过预处理器处理，根本无法用文本 ETL 处理。在这种情况下，预处理器就派上用场了。

在 ETL 处理后，可以对文档进行后处理，后处理的功能见图 10.1.25。

图 10.1.24   预处理器   图 10.1.25   后处理

偶尔，一个索引条目需要在进行数据清洗之前进行编辑。或者在数据以终端用户期望的形式出现之前，需要对它们进行合并。这些都是后处理中可能出现的典型活动。

10.2　映射

映射是定义如何将文档处理成文本 ETL 的规范过程。每一种要处理的文档类型都有一个单独的映射。文本 ETL 的一个优点是，当需要建立一个新的映射时，分析师可以在以前映射的规范基础上进行处理。在很多场合，一个映射会与另一个映射非常相似。如果之前的映射已经创建了类似的映射，分析师就没有必要再创建新的映射。

乍一看，创建映射是一个令人困惑的过程。这就像航空公司的飞行员在控制飞机，有许多控制面板以及许多开关和按钮。对于新手来说，驾驶飞机似乎是一项极其艰巨的任务。然而，一旦采取了有条理的方法，学习做映射就是一个简单的过程。图 10.2.1 显示了分析师在进行映射的过程中需要提出的问题。

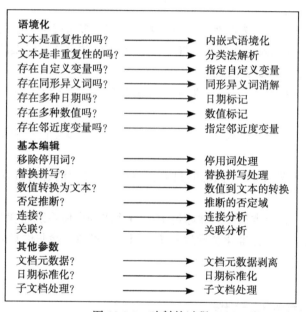

图 10.2.1　映射的过程

大多数问题都很直接，但有几个问题值得解释。首先，文本的重复性记录和非重复性记录与结构性文本重复是有区别的。本书中确实出现了重复性和非重复性这两个词，但它们的意思完全不一样。

重复性数据记录指的是重复出现的数据记录，这些记录在结构上甚至在语境中都非常相似。非重复性记录是指从一条记录到下一条记录几乎不重复或完全不重复的记录。

但重复性文本是完全不同的东西。重复性文本是指在不止一份文件中以相同或非常相似的方式出现的文本。重复性文本的一个简单例子是样板合同。在样板合同中，律师把一份基本的合同加了几个字。同样的合同以重复的方式反复出现。另一个重复性文字的例子是血压。在血压读数中，血压被写成“ bp 124/68”。第一个数字是舒张压读数，第二个数字是收缩压读数。遇到“bp 176/98”，就知道文中的意思了。这段文字是重复的。

当然，你可以使用尽可能多的技术和规范。你可以同时使用分类法、内嵌式语境化和自定义格式。或者你可以只使用分类法处理或只使用内嵌式语境化。数据和你想对数据做什么决定了你将如何选择。

其中一个问题是为变量选择名称。例如，当你创建一个自定义格式时，你要为变量选择一个名字。假设你想取电话号码，可以使用"999-999-9999"的规格。你需要以一种有意义的方式来命名所创建的变量，变量名将成为语境。

例如，对于一个电话号码来说，"variable001"是一个糟糕的名字。没有人会在遇到"variable001"时知道你的意思。相反，像"telephone_number001"这样的名字要合适得多。当一个人读到"telephone_number001"时，马上就能知道是什么意思。

映射的定义应以迭代的方式进行。极不可能发生的情况是：你创建的第一个映射成为最终的映射。更有可能的是，你会创建一个映射，然后根据文档运行该映射，然后回过头来对该映射进行调整。文档是复杂的，语言也是复杂的。语言中有很多细微的差别，人们认为这是理所当然的。因此，认为第一次就能创建一个完美的映射是不现实的，即使最有经验的人也无法做到这一点。

文本ETL经常有多种方法来处理相同的解释。在很多情况下，映射器将能够以一种以上的方式来完成同样的结果。在文本ETL中，没有正确的方式或错误的方式，你可以选择任何一种对你来说最有意义的方式。

文本ETL对资源消耗很敏感。一般来说，文本ETL的运行方式是高效的。需要避免的是以下几点：

- ❑ 寻找四五个以上的邻近度变量。在寻找许多邻近度变量的过程中，有可能会淹没文本ETL。
- ❑ 寻找许多同形异义词。寻找超过四五个同形异义词消解的过程可能会使文本ETL陷入困境。
- ❑ 分类法处理。在分类法中加载超过10 000个单词会使系统速度变慢。
- ❑ 日期标准化。日期标准化会导致系统使用很多资源。除非你真的需要使用日期标准化，否则不要使用日期标准化。

10.3　分析非重复性数据

非重复性数据中隐藏着大量的信息，无法用传统的方法进行分析。只有在通过文本消歧"解锁"非重复性数据后，才能进行分析。

有很多例子表明，非重复性数据中存在丰富的信息，例如：

- ❑ 电子邮件
- ❑ 呼叫中心
- ❑ 公司合同
- ❑ 保修索赔
- ❑ 保险索赔
- ❑ 医疗记录

但谈论非重复性数据的分析价值和实际展示价值是两回事。在看到具体的例子之前，大部分人很难相信这一点。

10.3.1　呼叫中心信息

大多数企业都有呼叫中心。呼叫中心是企业的一项职能，企业配备电话接线员与客户进行对话。有了呼叫中心，消费者就能听见企业的声音，可以与之进行对话。在许多方面，呼叫中心成为消费者与企业的直接接口。

在呼叫中心发生的对话是多种多样的：

❑ 有些人想抱怨。

❑ 有些人想买东西。

❑ 有些人想了解产品信息。

❑ 有些人只是想聊聊天。

在企业与客户或潜在客户群的对话中，会产生大量的信息。那么，企业的管理层对呼叫中心发生的事情了解多少呢？答案是，管理层对呼叫中心发生的事情知之甚少。管理层充其量知道每天有多少电话，以及这些电话的通话时间有多长。但除此之外，管理层对呼叫中心的讨论内容知之甚少。

为什么管理层对呼叫中心发生的事情知之甚少呢？答案是，管理层需要查看这些通话，而这些通话是非重复性数据。在文本消歧之前，计算机无法处理非重复性数据，无法达到分析处理的目的。

通过文本消歧，组织现在可以开始了解呼叫中心通话中讨论的内容。图 10.3.1 是针对电话通话进行分析的第一步。

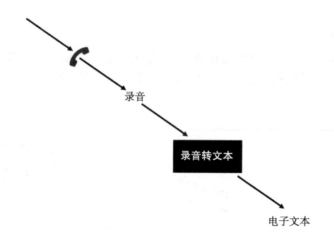

录音

录音转文本

电子文本

图 10.3.1　将通话转换为电子文本

分析通话的第一步是捕捉通话。记录通话是一件很容易的事情，你只需要找一台录音机，然后进行录音（并确保这样做不会违法！）。

通话记录下来后，下一步就是利用语音识别技术将其转化为电子形式。语音转录技术并不完美。有一些口音需要被记录下来，有的人说话口齿不清，有的人说话很轻声，有的人很生气。但如果有足够多的人说话，他们的话能被理解，那么语音转录就能充分地发挥作用。

一旦语音被记录和转录，丰富的信息就会向分析师敞开大门。图 10.3.2 描述了已经打开的世界。

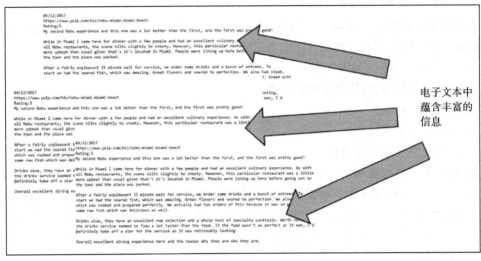

图 10.3.2　电子文本中的丰富信息

解锁呼叫中心通话中发现的信息的第一步是映射转录。映射是定义如何解释通话的文本消歧的过程。典型的映射活动包括以下几个方面：

❑ 编辑停用词

❑ 确定同形异义词

❑ 确定分类法

❑ 缩略词消解

第 1 天创建的映射可以一直使用到第 n 天，换句话说，映射是一次性的活动，第一天完成的映射可以在之后使用。分析师只需要做一次映射。图 10.3.3 显示了从转录中进行映射。

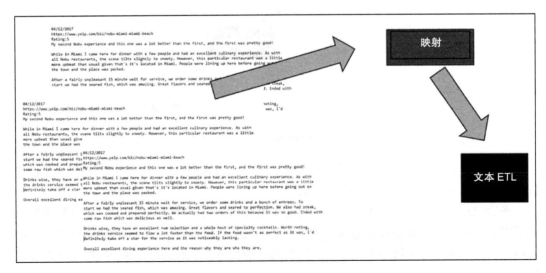

图 10.3.3　在对文本进行处理之前必须先进行映射

　　映射完成后，文本消歧就可以处理转录了。文本消歧的输入是原始文本、映射和分类法，输出是分析数据库。分析数据库的形式是任何用于分析处理的标准数据库。当分析师拿到数据库的时候，它看起来就像曾经处理过的任何其他数据库一样。唯一不同的是，这个数据库的数据来源是非重复的文本。图 10.3.4 显示了文本消歧内部发生的处理过程。

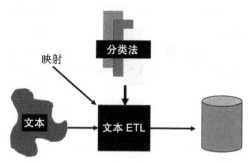

图 10.3.4　将文本转换为数据库

　　文本消歧的输出是一个标准的数据库，通常被认为是关系数据的形式。在很多方面，产生的数据库中的文本都是经过"标准化"的。数据库中埋藏着一些业务关系。这些业务关系是映射和被映射解释过的文本的结果。图 10.3.5 是已建立的数据库。

ndxwktextid	ndxoffset	ndxword	ndxsource	ndxsourcetype	ndxgroup	wandcode	ndxwordclass
3b45939a-435c-...	223	brother	C:\proof of conc...	taxonomy parent	null	store	family
3b45939a-435c-...	206	card company	C:\proof of conc...	taxonomy parent	null	store	credit card comp...
3b45939a-435c-...	6	consumer	C:\proof of conc...	taxonomy parent	null	store	consumer
3b45939a-435c-...	6	consumer affairs	C:\proof of conc...	taxonomy parent	null	store	public forum
3b45939a-435c-...	186	credit report	C:\proof of conc...	taxonomy parent	null	store	credit report
3b45939a-435c-...	326	credit report	C:\proof of conc...	taxonomy parent	null	store	credit report
3b45939a-435c-...	448	credit report	C:\proof of conc...	taxonomy parent	null	store	credit report
3b45939a-435c-...	237	disability	C:\proof of conc...	taxonomy parent	null	store	
3b45939a-435c-...	32	equifax	C:\proof of conc...	taxonomy parent	null	store	
3b45939a-435c-...	310	[and]	C:\proof of conc...	taxonomy parent	null	store	conﾍ tor
3b45939a-435c-...	145	equifax	C:\proof of conc...	taxonomy parent	null	store	credit bureau
3b45939a-435c-...	32	equifax	C:\proof of conc...	taxonomy parent	null	store	public_agency
3b45939a-435c-...	145	equifax	C:\proof of conc...	taxonomy parent	null	store	public_agency
3b45939a-435c-...	475	investigat	C:\proof of conc...	taxonomy parent	null	store	analysis
3b45939a-435c-...	41	location	C:\proof of conc...	taxonomy parent	null	store	location
3b45939a-435c-...	110	my credit	C:\proof of conc...	taxonomy parent	null	store	consumer
3b45939a-435c-...	323	my credit	C:\proof of conc...	taxonomy parent	null	store	consumer
3b45939a-435c-...	445	my credit	C:\proof of conc...	taxonomy parent	null	store	consumer
3b45939a-435c-...	526	name	C:\proof of conc...	taxonomy parent	null	store	person
3b45939a-435c-...	526	name	C:\proof of conc...	taxonomy parent	null	store	personal_inform...
3b45939a-435c-...	374	[and]	C:\proof of conc...	taxonomy parent	null	store	connector

图 10.3.5　文本已转换为标准数据库

　　通过文本消歧创建数据库后，下一步就是选择分析工具。根据要进行的分析，可能需要选择一个以上的分析工具进行分析。所选择的分析工具只需能够处理关系型数据即可，这是对分析工具的唯一要求。图 10.3.6 显示，需要选择一个分析工具。

一旦创建了数据库，就会对数据进行分
析，并将其转化为可视化的数据

图 10.3.6　需要选择一个分析工具

　　选择好分析工具后，就可以开始分析了。分析师将对从数据库中得到的转录数据进行分析。

（注意：以下分析由科罗拉多州博尔德市 Boulder Insights 的 Chris Cox 在 Tableau 中完成。）

每种分析工具都有其偏好的数据展示方法。在本案例中，我们使用 Tableau 并创建了一个仪表盘。图 10.3.7 是为分析呼叫中心信息而创建的仪表盘。

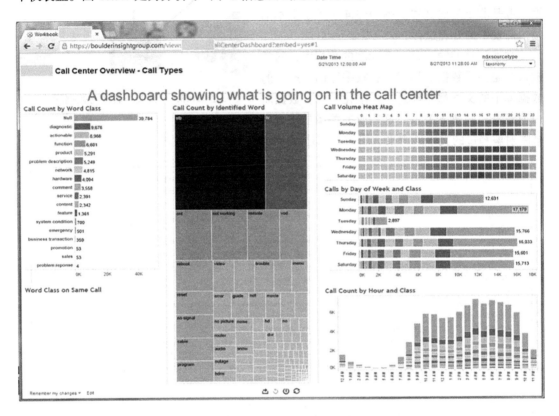

图 10.3.7   显示呼叫中心现状的仪表盘

仪表盘反映的是呼叫中心内部发生的活动。通过仪表盘，分析师可以看到以下内容：

- ❏ 什么时候处理活动
- ❏ 处理了哪些活动
- ❏ 呼叫的实际内容
- ❏ 讨论内容的统计图

仪表盘提供了丰富的信息，这些信息是有组织的且是图形化的。管理人员可以一目了然地看到呼叫中心正在发生的事情。作为仪表盘的一个例子，考虑图 10.3.8。

图 10.3.8 是按呼叫中心的呼叫类型进行排序的概要。每一个呼叫都按呼叫的主要目的进行了归类。然后，根据报告期内发生了多少次某种类型的电话，对这些电话进行排序。在不考虑其他信息的情况下，这些信息本身非常有用。

仪表盘上的另一类信息是关于来电时间的信息。图 10.3.9 显示了这一信息。

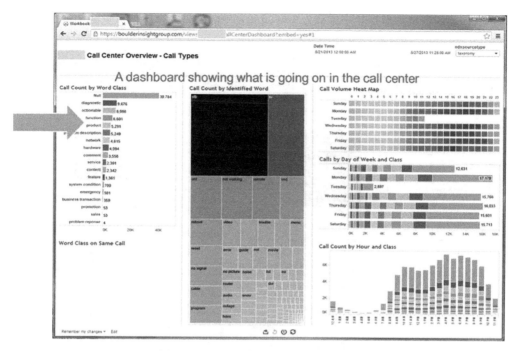

图 10.3.8　按呼叫类型对呼叫进行排序

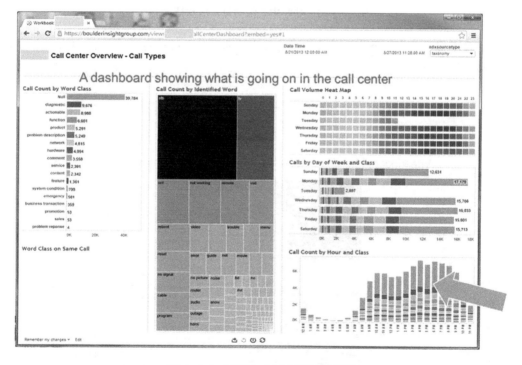

图 10.3.9　呼叫中心每小时活动情况

在图中不仅能识别出每天的时间,还能识别出按呼叫类型的分类。值得注意的是,使用仪表盘的方法,可以进行向下钻取处理。对于每一类呼叫的每一个小时,分析师可以调用钻取处理,更彻底地调查任何一个小时内的每一类呼叫。

一个相关的信息类型是关于每周发生呼叫的日子的信息，这类信息见图 10.3.10。

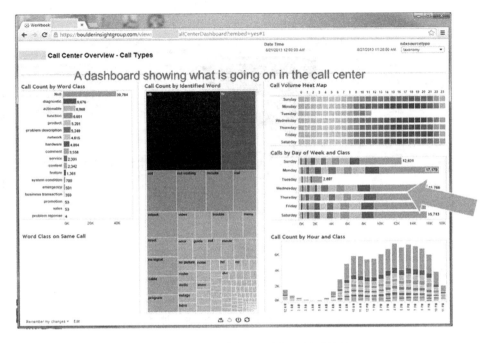

图 10.3.10   呼叫中心活动每日活动情况

仪表盘上提供的另一类信息是关于当月发生呼叫的日子的信息。图 10.3.11 是一幅"热图"，显示了整个月的呼叫模式。

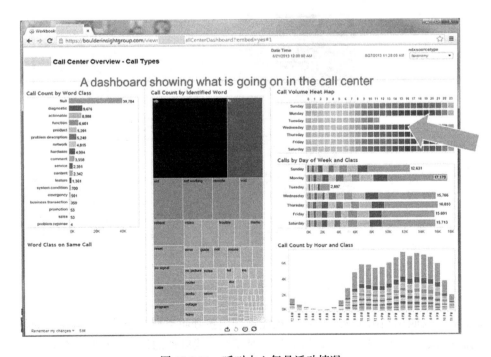

图 10.3.11   呼叫中心每月活动情况

也许仪表盘上最有用的信息是由图 10.3.12 所示的信息。在图 10.3.12 中，可以用直方图的形式看到呼叫中心活动中实际讨论的主题。讨论最多的主题的黑框最大，讨论其次多的主题是下一个最大的方框。

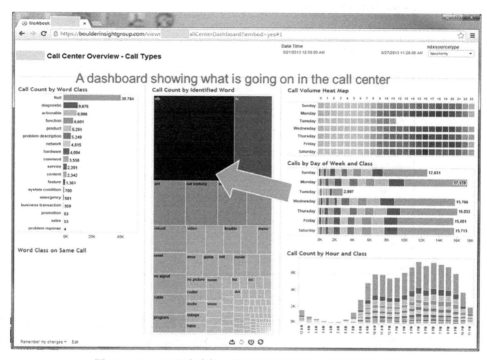

图 10.3.12　显示呼叫中心处理过程中讨论的主题的直方图

通过观察直方图，管理层对客户群关心的主题非常了解。仪表盘一目了然地告诉管理层需要了解呼叫中心的哪些情况。

尽管仪表盘给人留下了深刻的印象，但如果没有将数据放在标准数据库中，仪表盘是不可能实现的。以下处理过程使得创建仪表盘成为可能：

重复性数据！映射！文本 ETL！标准数据库！分析工具！仪表盘

10.3.2　病历

呼叫中心记录很重要，它是商业价值的核心。但呼叫中心记录不是唯一有价值的非重复性记录形式，另一种有价值的非重复性数据形式是病历。病历通常是在病人经历医疗护理过程时写下的。这些记录对许多人和组织都是有价值的，包括医生、病人、医院、研究机构等。

病历的挑战在于它们包含叙述性信息。叙述性信息是必要的，而且对医生有用。但叙述性信息对计算机没有用处。为了在分析处理中使用，叙述性信息必须以标准的数据库格式放入数据库。这是一个非重复性数据以数据库形式放入数据库的经典案例，需要做的是文本 ETL。

为了了解如何使用文本 ETL，请考虑一份病历（图 10.3.13）。（注意：正在显示的病历是一个真实的记录。然而，它来自美国以外的国家，不受 HIPAA 规定的约束。）病历中包含可识别的模式。病历的第一部分就是识别部分，在这部分中可以找到一个或多个识别标准。

```
SES Number: 000178701
Name: Chica Maria Francesca de Almeida
Dt. Born:. 27/09/1930
Age: 78
Gender: Female
Address: 511 QR SET 04 28 Home
City: FERN
03/06/2009
10:02
Patient with good diet acceptance.
CD: maintained
RODELUZI LUCAS DE ANDRADE nutritionist
03/06/2009
08:10
ICU - HRSam
Medical developments
- 42 days in the ICU
- Pneumonia - treated
- Prolonged MV - difficult weaning
- Eye Conjunctivitis in D - treated
- Monilia intertriginous below the breast D (Started nystatin + zinc oxide topical, topical nystatin but
missing)
- ATB: Unasyn 20/04 to 04/05; Azithromycin 21/04 to 04/05.
Patient hemodynamically stable, afebrile, with good diuresis.
Under VM, AC, FiO² 35%, PEEP 5, FR 14/20 ipm, VC 450/430 ml, 97% SpO². Modify for PSV.
Accepting oral diet.
Diuresis 24h 2300 24h ml BH: - 680 ml
-Ap.resp: MVBD with scattered rhonchi
-Ap.CV: BRNF in 2Q no murmurs
```

图 10.3.13　一份病历

病历的第二部分是叙述性信息。在叙述部分，一些医生或护士写下了某一医疗事件的特征——诊断、程序、观察等。病历的第三部分是与患者就医原因相关的化验结果。图 10.3.14 是一份典型的病历。

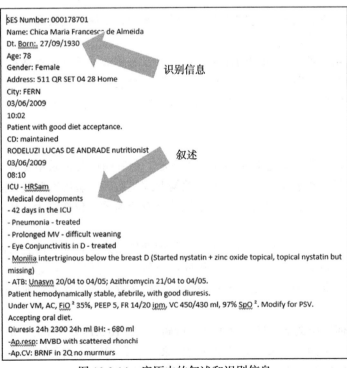

图 10.3.14　病历中的叙述和识别信息

在病历中，每发生一次医疗事件都会有一段叙述。图 10.3.15 显示，与患者在医院就诊有关的叙述部分不止一个。

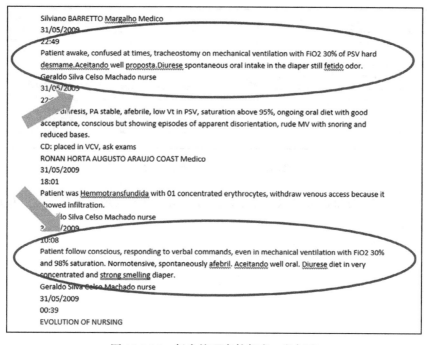

图 10.3.15 每个护理事件都有一段叙述

处理病历的技术包括文本 ETL 可以处理文本的所有方式。图 10.3.16 显示了病历的一些处理方式。

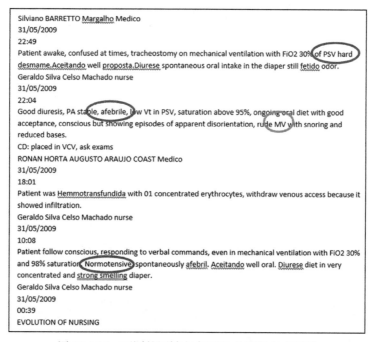

图 10.3.16 不同的词被文本 ETL 处理的方式不同

文本 ETL 处理病历的结果是规范化的数据库，图 10.3.17 是文本 ETL 处理病历后产生的规范化义本型数据库。

:\proof of concept - credit bureau\equifax\Equi...	Consumer Affairs	7	null	named	2018-04-03 13:42:18.000	site
:\proof of concept - credit bureau\equifax\Equi...	Equifax	33	null	named	2018-04-03 13:42:18.000	company
:\proof of concept - credit bureau\equifax\Equi...	OH	51	null	named	2018-04-03 13:42:18.000	location001
:\proof of concept - credit bureau\equifax\Equi...	词	62	internal source	custom form	2018-04-03 13:42:18.000	语境
:\proof of concept - credit bureau\equifax\Equi...	1.0	62	internal source	named	2018-04-03 13:42:18.000	rating
:\proof of concept - credit bureau\equifax\Equi...	2018-02-20 00:00:00	72	internal source	named	2018-04-03 13:42:18.000	date
:\proof of concept - credit bureau\equifax\Equi...	2018-02-20 00:00:00	71	internal source	named	2018-04-03 13:42:18.000	date001
:\proof of concept - credit bureau\equifax\Equi...	.	218	internal source	custom form	2018-04-03 13:42:18.000	eos
:\proof of concept - credit bureau\equifax\Equi...	.	339	internal source	custom form	2018-04-03 13:42:18.000	eos
:\proof of concept - credit bureau\equifax\Equi...	.	461	internal source	custom form	2018-04-03 13:42:18.000	eos
:\proof of concept - credit bureau\equifax\Equi...	.	561	internal source	custom form	2018-04-03 13:42:18.000	eos

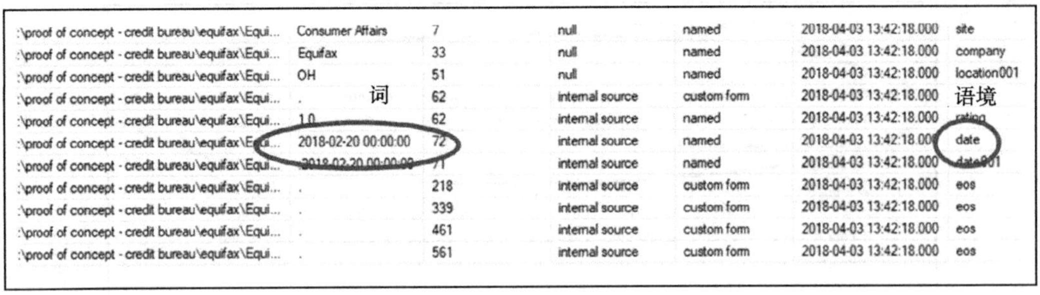

图 10.3.17　一个词及其语境

一旦文本被放入标准的关系数据库中，就可以用于分析处理。现在，可以对数百万份病历进行分析。

第 11 章
运营分析：响应时间

分析可以贯穿于整个计算环境，事实上，计算机系统的价值之一就是能够做分析。

企业计算中最重要的环境之一就是运营环境。运营环境是指详细到秒级决策的场所。运营环境主要是由文员群体使用的，是企业业务处理信息的场所。

从图 11.0.1 可以看出，大多数企业的处理和决策环境主要有两种：一是运营环境，二是管理决策环境。

有一些准则可以提高运营环境的成功率，例如：

❑ 创建、更新和删除单个事务的能力
❑ 获取数据的能力
❑ 事务处理的完整性的能力
❑ 处理大量数据的能力
❑ 有系统地处理数据的能力
❑ 迅速执行的能力

在所有这些因素中，快速获取和处理数据的能力在运营系统中是最重要的。图 11.0.2 显示，性能——快速执行事务的能力——是运营环境中最重要的准则。

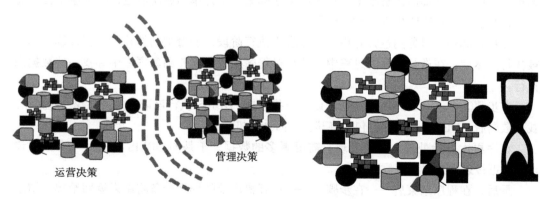

图 11.0.1　运营决策与管理决策的区别　　　图 11.0.2　运营环境对时间非常敏感

在运营环境中，执行速度 / 性能是如此重要的原因有很多。主要原因是，计算机已经融入企业的日常业务运行，一旦性能出现问题，企业的日常业务就会停顿下来。

为了理解事务执行速度的重要性，请考虑以下情况：

❑ 在银行，银行柜员必须等待 60 秒才能处理一笔事务。银行柜员和被服务的客户都很烦躁。

❑ 在航空公司预订机票时，航空公司的柜员必须等待 60 秒才能在整个网络上办理业务。愤怒的旅客会排起长队等待系统完成处理。

❑ 在 ATM 环境中，当 ATM 需要 60 秒才能完成事务时，客户就会愤怒地驱车离开。

❑ 在互联网上使用网站时，当网站需要很长时间才能完成事务时，浏览者就会离开。

还有很多其他的情况，事务响应时间会影响企业的业务。从图 11.0.3 可以看出，事务响应时间对企业的正常运行至关重要。

11.1 事务响应时间

事务响应时间是运营环境中最重要的要素。那么，事务响应时间的要素有哪些呢？图 11.1.1 显示了事务响应时间的要素。

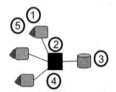

①发起事务
②执行应用程序
③搜集数据
④准备输出
⑤显示输出结果

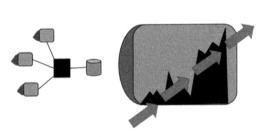

图 11.0.3   在线事务处理（OLTP）业务开始
与企业的日常经营紧密结合

图 11.1.1   响应时间的要素

在步骤①中，事务开始了。一个客户想看看自己的账户里有多少钱，一个货架保管员想把一件商品放在商店的货架上，一个店员想标记一个订单的成功制造，一家航空公司想给顾客升级，这些都是发起事务的形式。

在步骤②中，事务到达计算机。程序进入执行阶段，变量被初始化，进行计算，算法被执行。然后，在进行处理的过程中，计算机程序发现它需要到数据库中寻找一些数据来执行。

在步骤③中，向 DBMS 提出请求以便查找数据。DBMS 执行该请求并去寻找一些数据。找到数据后，DBMS 将数据打包并将其发送回计算机。

程序再次开始处理。程序发现它需要更多的数据，于是向 DBMS 发出另一个数据请求。数据被返回给程序。

最后，在程序结束后——在步骤④——计算机内部的程序准备将结果返回给提出请求的用户。结果会在步骤⑤中返回给用户。

计算机内部的响应时间是由步骤②、③、④执行的时间长度来衡量的。在平均响应上，时间一般在 1 到 2 秒之间。考虑到计算机所要经历的一切，响应时间能有如此之快，实在是令人惊讶。图 11.1.2 显示了如何测量响应时间。

对响应时间（即步骤②、③、④）影响最大的因素是搜索和检索数据所需的时间。计算机内部的处理——步骤②和④——发生得非常快。占用时间最多的是步骤③。

对于步骤③有一个术语——"I/O"操作（或"输入/输出"操作）。I/O指的是系统在向系统管理的数据库进行输入或输出的工作。图 11.1.3 描述了一个 I/O 操作。

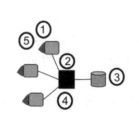

图 11.1.2　响应时间以从①到⑤
所需的时间来衡量

图 11.1.3　一个 I/O 操作

计算机的速度有两种：电子速度和机械速度。电子速度通常以纳秒为单位，机械速度是以毫秒为单位。这两种速度的差别就像坐喷气式飞机和骑自行车一样大。

计算机的内部操作以电子速度运行，对数据库进行读或写的 I/O 操作以机械速度运行。为了让程序快速运行，分析师需要尽量减少正在进行的 I/O 操作的数量。

最大限度地减少正在处理的 I/O 的数量，有提高程序执行速度的效果。但最小化 I/O 也有降低其他每一个等待执行的事务的速度的效果。

在计算机中，一次执行一个程序。在执行中的程序完成前，其他需要执行的程序需要等待。其他程序需要等待的时间称为"队列"时间。图 11.1.4 所示为队列时间。

在计算机内部，队列时间的建立主要有两种方式——要么是单个程序的执行时间很长，要么是事务到达队列的速度超过了平均执行时间。在许多计算机中，无论在任何情况下，都是队列时间显著导致处理速度变慢。

另一种看待性能现象的方法是，从一个事务所做的 I/O 数量来看。图 11.1.5 显示了两种不同的事务方式。

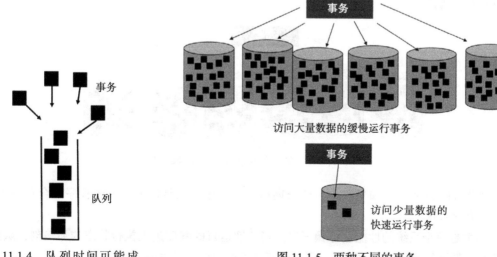

图 11.1.4　队列时间可能成
为一个影响因素

图 11.1.5　两种不同的事务

在图 11.1.5 中，上面的事务不会是一个快速运行的事务，它要做的 I/O 太多了。而下面的事务则更有可能成为一个快速运行的事务。它只有 1 到 2 个 I/O 必须做。因此，考察一个事务必须做的 I/O 数量是考察其性能特征的好方法。

有一种方法可以减少事务必须做的 I/O 数量。考虑一下图 11.1.6 所示的事务。

在图 11.1.6 中可以看到，为了执行事务，需要大量的不同类型的数据。如果事务要在磁盘存储中寻找所有不同的数据所在的地方，那么这个事务将不是一个快速运行的事务。

数据库设计者可以做的是将所有或部分数据合并到一个数据库设计中。没有任何规定要求不同类型的数据必须放在不同的数据库中。为了提高性能，分析师可以将所有的数据（甚至部分数据）组合成一个数据库。

这种类型的设计被称为"去规范化"设计。图 11.1.7 显示了数据可以被去规范化。

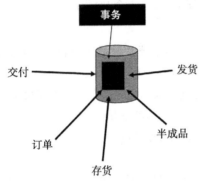

图 11.1.6　将不同类型的数据组合在
一起以提高性能

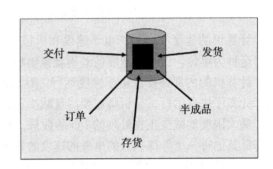

图 11.1.7　去规范化数据

一旦数据被去规范化，执行事务所需的 I/O 数量就会减少。这时，事务就变成了一个快速运行的事务。

每隔一段时间就会发生这样的事情：需要查看大量的数据，不管数据是如何整理的。这类程序是典型的报表程序，看的是当天的活动或当月的活动。图 11.1.8 显示了其中一个长期运行的程序。

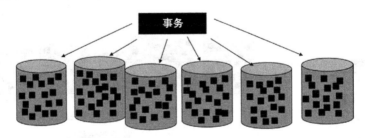

图 11.1.8　在一次事务中访问大量数据

如图 11.1.9 所示，如果其中一个长期运行的程序与大量短期运行的程序混合在一起，会发生什么情况？

答案是整个系统的性能会停顿下来。当长期运行的程序进入执行状态的那一刻，队列就会在长期运行的程序后面建立，而这就违背了运营环境的目的。

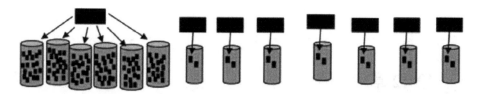

图 11.1.9　如果有一个事务查看了很多数据，会扰乱其他所有事务的响应时间

那么，如果必须要运行一个长期运行的程序（这是事实），分析师可以做什么呢？图 11.1.10 显示了一些让系统运行长期运行的程序并有在线事务响应时间的解决方案。

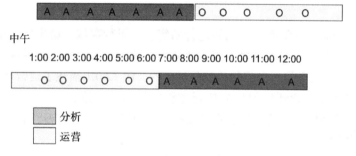

图 11.1.10　将一天分为不同类型的处理时间

对于长期运行的程序与需要一致响应时间之间的矛盾，一个解决方案是将计算机上运行的时间段进行分区。所有快速运行的事务都在白天运行，这时业务需要有良好的响应时间，而长时间运行的程序则可以在凌晨时分执行，这时机器上没有其他人在使用。

另一种方法是在不同的数据库和事务所使用的机器上的不同 DBMS 上执行长期运行的程序。当不需要长期运行的程序访问正在进行事务处理的实际数据时，这种替代方案就会发挥作用。

第12章
运营分析

运营环境是企业的日常活动，比如进行销售、去银行存款、销售保险单、确认食品杂货店的货架上有库存等。简而言之，当运营环境正常运行的时候，世界的运行效率就会很高。运营处理所产生的数据对世界的价值是巨大的。图 12.0.1 描述了运营环境。

运营分析包括在运营环境的事务执行过程中做出的决策。作为运营分析的核心的那些数据点是由运营系统产生的。运营系统是指在数据库管理系统中运行事务和管理数据的系统。

运营系统有很多特点。运营应用的本质如图 12.0.2 所示。

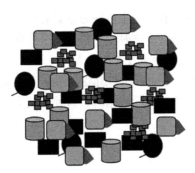

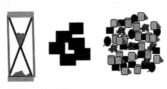

①处理的速度
②细节层面的运营
③应用

图 12.0.1　运营环境　　　　　　图 12.0.2　运营处理的本质

运营系统的使命是快速执行，针对数据在细节层面进行操作，并在应用中进行绑定。

由于事务的执行速度的需要，数据经常被去规范化。去规范化是设计者为了提高性能而使用的设计技术。但在去规范化的过程中，数据会被"撕开"：在一个数据库中发现某个数据单元，而在另一个数据库中发现同样的数据单元。数据被分割到不同的数据库，是在高性能环境下对数据进行去规范化处理的自然结果。在高性能事务处理环境下，数据的去规范化是一种正常的、自然的现象。

但是数据的去规范化也有一个副作用：因为数据在运营环境中被去规范化了，所以数据无法整合。同一数据单元往往存在于多个地方。（或者在最坏的情况下，同一数据单元存在于许多、许多、许多地方。）同样的数据存在于多个地方的后果是，数据失去了完整性。一个用户在一个地方访问数据并得到一个值，另一个用户在另一个地方访问同样的数据，得到的将是一个非常不同的值。两个用户都认为自己的数据值是正确的，而且两个用户的数值有很大的差异。从图 12.0.3 中可以看出，这种数据缺乏完整性。

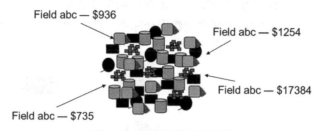

图 12.0.3　数据缺乏完整性

人们可以感受到整个组织中的挫折感。在没有人知道数据的正确值是什么的情况下，到底怎么做出决策呢？

但是，缺乏完整性并不是运营应用的唯一问题，运营应用的另一个问题是只有极少量的历史数据。

在运营应用中，历史数据量极少是有道理的，这是因为对高性能的需求超过了所有其他运行目标。系统调优师很早就发现，系统中的数据越多，系统运行越慢。因此，为了拥有最佳的性能，系统调优师放弃了历史数据。由于运营系统对高性能的需求，在必然性上，运营环境中几乎找不到历史数据。

图 12.0.4 显示，在运营环境中发现的历史数据很少。但是，放弃历史数据也有一个问题。这个问题是，历史数据在许多方面都是有用的，例如：

❏ 发现和测量趋势
❏ 了解客户的长期习惯
❏ 审视发展模式

由于数据缺乏完整性，而且需要有一个存放历史数据的地方，因此需要一种不同于运营应用的架构。由于需要进行分析处理（相对于事务处理），因此出现了一种叫作"数据仓库"的结构。图 12.0.5 显示了数据仓库的出现。

运营环境

图 12.0.4　在运营环境中发现的历史数据非常少

图 12.0.5　数据仓库——真实数据的单一版本

对数据仓库的定义从数据仓库开始就已经出现了。数据仓库是一个面向主题的、集成的、非易失性的、时间可变的、支持管理层决策的数据集合。数据仓库包含了详细的、集成的数据，这些数据是历史性的。

关于数据仓库的另一种思维方式是，数据仓库是"真实数据的单一版本"。数据仓库是详细的、集成的基石数据，可用于整个组织的决策。

　　最能作为数据仓库的基础的数据模型是关系模型。关系模型是规范化的数据，有利于在最细化的层面上表示数据。图 12.0.6 显示了作为数据仓库设计基础的关系模型。

　　数据从运营应用中加载到数据仓库中。运营应用中的数据以去规范化状态存在于应用程序中。数据通过称为 ETL 的技术加载到数据仓库中。图 12.0.7 显示了这一过程。

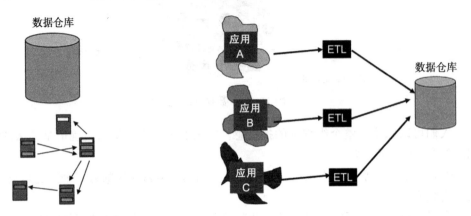

图 12.0.6　关系模型和数据仓库　　　　　　　图 12.0.7　将应用数据转化为企业数据

　　事实上，数据根本没有"加载"到数据仓库中。实际情况是，在从运营环境到数据仓库环境的过程中，数据会被转换。在运营环境中，数据被设计成去规范化状态。在数据仓库中，数据被设计成规范化状态。ETL 处理的目的是将应用数据转化为企业数据。对不熟悉的人来说，这种转换似乎并不是一个困难的过程。但事实上，这个过程并不容易。

　　为了理解文本 ETL 完成的转换，请参考图 12.0.8。在图 12.0.8 中，应用持有性别数据和测量数据的不同版本。在一个应用中，性别用 male 和 female 表示；在另一个应用中，性别用 1 和 0 表示。在一个应用中，测量单位用 inch；在另一种应用中，测量单位是 cm。

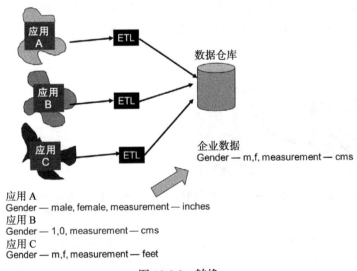

图 12.0.8　转换

　　在数据仓库中，有一个用于性别的标识符——取值为 m 和 f，有一个计量单位——cm。从应用数据到企业数据的转换是在 ETL 过程中进行的。图 12.0.8 中的示意图很好地说明了应用数据和企业数据的区别。

　　数据的完整性和建立企业数据的一个基本概念是"记录系统"。记录系统是企业的确定性数据。在运营环境中，记录系统是向数据仓库输送数值的数据。图 12.0.9 显示了运营环境中的记录系统。

　　值得注意的是记录系统从一个环境到另一个环境的移动。运营数据的记录系统驻留在运营环境中。但当数据传入数据仓库时，记录系统也会传入数据仓库。不同的是数据的时效性。运营环境中的数据在访问时是准确的。换个说法，运营环境中的数据是截至秒级的精确数据。但当记录系统的数据转移到数据仓库中时，记录系统的数据在历史上反映到数据仓库中的时刻就变得准确。从历史角度来看，记录系统在数据仓库中是准确的。

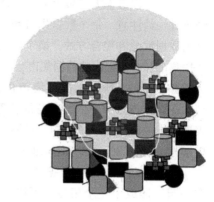

图 12.0.9　运营环境中的记录系统

12.1　看待数据的不同视角

　　数据仓库最重要的功能之一就是能够作为一个基础，让不同的组织以不同的方式来看待相同的数据，并且仍然拥有相同的数据基础。图 12.1.1 显示了这种功能。

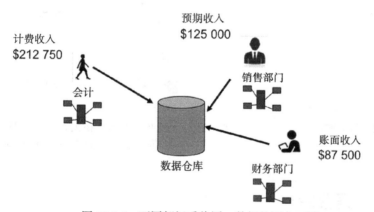

图 12.1.1　不同部门看待同一数据的视角不同

　　数据仓库之所以可以作为不同组织的数据基础，就是因为数据仓库中的数据是颗粒化的、集成化的。你可以把数据仓库中的数据看作一粒粒沙子，沙子可以被塑造成许多不同的最终产品——硅片、酒杯、汽车头灯、车身零件等。同样，市场营销部门可以用一种方式看待数据仓库中的数据，财务部门可以用另一种方式看待数据仓库中的数据，销售部门可以用第三种方式看待数据仓库中的数据。然而，所有的组织都在看同样的数据，而且数据的可调和性是存在的。服务于不同社区的能力是数据仓库最重要的特点之一。

12.2　数据集市

　　数据仓库服务于不同社区的方式是通过创建数据集市。图 12.2.1 显示，数据仓库是数据集市中数据的基础。

　　从图 12.2.1 可以看出，不同的组织有不同的数据集市。数据仓库及其颗粒数据是数据集市中的数据的基础。对数据仓库中的颗粒数据进行汇总，并以其他方式聚合成每个数据集市所需要的形式。请注意，每个数据集市和每个组织都有自己的数据汇总和聚合方式。换个说法，财务部门的数据集市和营销部门的数据集市会有所不同。

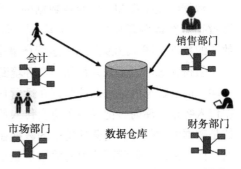

图 12.2.1　数据仓库为数据集市提供数据，定制的数据集市服务于不同部门的需求

　　如图 12.2.2 所示，数据集市最好基于维度模型。在维度模型中，有事实表和维度表。表和维度表连接在一起，形成所谓的"星形"连接。星形连接是为了满足部门的信息需求而设计的最优方案。

　　如图 12.2.3 所示，数据集市和数据仓库结合在一起，形成了一个架构。可以看出，数据的整合是在数据仓库中以集成的、历史的方式放置数据时发生的。一旦数据的基础建立起来，数据就会被传递到不同的数据集市中。当数据被传入数据集市时，对数据进行汇总或以其他方式进行聚合。

图 12.2.2　星形连接

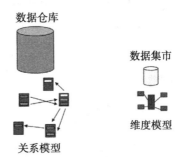

图 12.2.3　数据仓库建立在关系模型的基础上，数据集市建立在维度模型的基础上

12.3　运营数据存储

　　还有一种数据结构有时会出现在数据架构中，这种结构就是被称为 ODS 的数据结构，也就是"运营数据存储"。图 12.3.1 描述了 ODS。

　　ODS 具备数据仓库的一些特点，也具备运营环境的一些特点。ODS 可以实时更新，而且支持高性能的事务处理。但 ODS 也包含集成数据。在很多方面，ODS 是"不彻底的"数据存储。图 12.3.2 显示的是 ODS。

　　ODS 是企业的一种可选的数据结构。有些公司需要 ODS，有些公司不需要 ODS。一

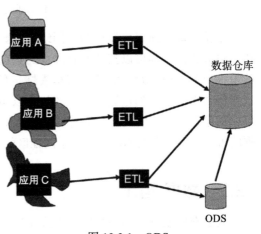

图 12.3.1　ODS

般来说，如果一个组织要进行大量的事务处理，就需要 ODS。

数据集市中的数据类型通常包括所谓的 KPI。KPI 是 Key Performance Indicator（关键绩效指标）的缩写。图 12.3.3 说明，数据集市通常包含一个或多个关键绩效指标。

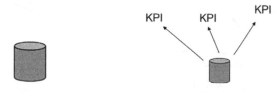

图 12.3.2　ODS　　　　　　图 12.3.3　数据集市和 KPI

每个公司都有自己的 KPI。一些典型的 KPI 可能包括以下几点：

- ❏ 库存现金
- ❏ 雇员人数
- ❏ 产品订单积压
- ❏ 销售渠道
- ❏ 新产品验收
- ❏ 待售存货

KPI 通常是按月衡量的。图 12.3.4 显示了这样一种对 KPI 的定期测量。按月衡量 KPI 有很多理由，其中之一是能够在趋势发生时及时发现。按月衡量 KPI 的趋势也有一个问题，这个问题就是很多 KPI 是季节性的。通过逐月的趋势线来观察时，季节性趋势可能并不准确。要发现季节性的趋势，就需要对多年的 KPI 指标进行测量，如图 12.3.5 所示。

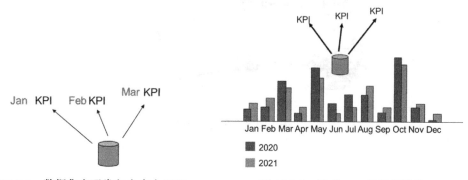

图 12.3.4　数据集市通常包含多个 KPI　　　　图 12.3.5　许多 KPI 是季节性的

除了有 KPI 之外，数据集市通常被放置在"立方体"中。图 12.3.6 显示，立方体经常出现在数据集市中或与数据集市一起出现。立方体是对数据的安排，可以从不同的角度来考察数据。

数据集市的特点之一是创建相对容易、快速。由于创建的方便性，大多数组织都会建立新的数据集市，而不是对现有的数据集市进行维护，如图 12.3.7 所示。

不断创建新的数据集市的长期影响是，过一段时间后，组织中出现了很多无人使用的数据集市。

因为数据集市包含了 KPI，所以很可能发生变化。这是因为 KPI 指标是不断变化的。每当一个企业的业务重心发生变化时，其 KPI 指标也会发生变化。当企业关注的是盈利能力时，KPI 指标的重点是收入和费用；当企业关注的是市场占有率时，KPI 指标与新客户和客户保留率有关；当重点改变为满足竞争需求时，KPI 指标变为关注产品接受度和产品差异化。

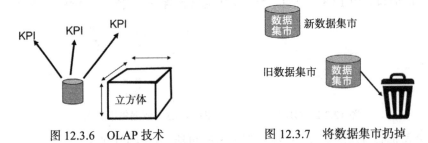

图 12.3.6　OLAP 技术　　　　　　　图 12.3.7　将数据集市扔掉

只要业务发生了变化（业务变化是常事），KPI 就会发生变化。而只要 KPI 发生了变化，数据集市也会发生变化。

图 12.3.8 所示为运营环境的数据架构中的通用架构。

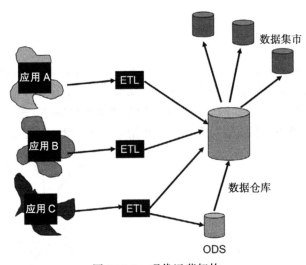

图 12.3.8　现代运营架构

第 13 章
个 人 分 析

在每个企业中，决策都有两个层面——企业决策层和个人决策层。企业层面的决策是正式的，甚至是规范的环境；而个人层面的决策是非正式的。企业层面的决策和个人层面的决策有很大的区别。企业层面的决策是有合同、有管理的决策，甚至有合规性规定。在这个层面的决策中，有对股东的责任。个人层面的决策是现成的、个人的、非正式的。这里通常没有任何审计线索。个人决策是自发地做出的，个人决策的需求是流动的，每分钟都在变化。图 13.0.1 显示了两种决策。

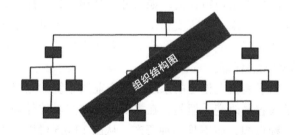

图 13.0.1　企业决策和个人决策

个人分析师可以通过个人分析环境的设施来查看数据——任何数据。分析师可以查看企业数据或个人数据，可以在自己的时间范围内查看数据。做个人分析没有时间限制。

个人决策是流动的、动态的。个人决策的理想工具是个人电脑，其价格低廉，能够移动，用途广泛。个人电脑可以随时随地准备就绪，几乎不需要正式的系统分析或开发。分析师只需坐下来，记下有用的和相关的内容。

当然，个人电脑并没有大型企业电脑那样的速度和能力，无法处理企业电脑所能处理的数据量。但这对于个人分析师来说并没有什么关系。从图 13.0.2 可以看出，个人电脑是进行个人分析的最佳工具。

个人分析师最常用的工具是电子表格。电子表格是目前最普遍的分析工具，在全世界的个人电脑上有数以百万计的电子表格。据估计，在一家中西部的银行一个网点的 2000 名员工中，有 400 万张电子表格是为银行决策而制作的。图 13.0.3 显示，电子表格是个人电脑上使用最多的分析工具。

图 13.0.2　个人电脑

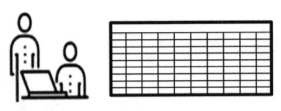

图 13.0.3　电子表格

电子表格有很大的优势。最大的优势是它为个人分析师提供了自主权。分析师可以对电子表格做任何想做的事情。分析师可以输入任何公式，可以输入任何数据，可以修改任何想修改的数据。没有人告诉分析师应该做什么或如何做。

电子表格的第二个优点是可以立即使用。分析师不需要特别的准备时间，只需坐下来就可以开始使用电子表格。分析师可以利用电子表格来帮助制定和结构化需要分析的内容。

电子表格的第三个优点是灵活性。可以改变电子表格以适应几乎任何类型的分析。

电子表格的第四个优点是成本低廉。通常情况下，电子表格的成本是在购买个人电脑时就已经产生了，使用电子表格不再需要任何费用。基于这些原因以及更多的原因，电子表格已经进入了许多不同的环境中。图 13.0.4 所示为电子表格的优点。

但是，电子表格也有一些缺点。第一个缺点是，电子表格可以随意更改。任何建立和管理电子表格的人都可以在任何时候将任何数值放入电子表格，而电子表格也不会抱怨。这意味着，进入电子表格的数据来源是无法被审计的。如果分析师想给自己加薪，就电子表格而言，加薪已经被批准了。当然，这未必是现实情况。但是，电子表格并不知道，也不在乎。当数据的来源是电子表格的时候，受管理层、合同、立法机构和股东制约的企业决策是不可取的，因为数据的完整性无法保证。

电子表格的另一个弊端是，在电子表格上创建的系统没有企业版系统的纪律性和严谨性。在电子表格上创建的系统总是很容易改变。但是，在需要严格和严谨的处理方式的地方，这种容易改变功能的做法是一种负担，而不是一种资产。从图 13.0.5 可以看出，电子表格存在一些缺点。

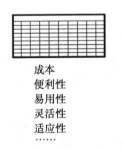

成本
便利性
易用性
灵活性
适应性
……

图 13.0.4　电子表格被广泛
使用的原因

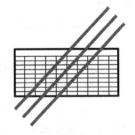

图 13.0.5　电子表格也存在一些限
制性的缺点

企业层面的决策和个人层面的决策所带来的影响是完全不同的。企业层面的决策会影响企业的预算和政策，个人层面的决策会影响个人的工作方式。但是，当有一天企业的决策是用个人的工具来做的时候，就会出现一个根本性的问题。从图 13.0.6 可以看出，个人决策应该只是间接影响企业决策。

　　换句话说，当个人使用自己的工具做出决策，并希望他人相信自己的行动方针或政策改变时，个人必须说服企业。但进行个人分析的人不能直接将企业数据和系统与个人数据和系统对接。

　　从某种程度上说，个人分析系统是分析的"沙盒"。图 13.0.7 显示，个人分析环境是沙盒的另一种形式。

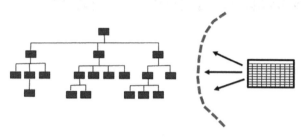

只要个人层面的决策不进入企业，就不会有任何问题

图 13.0.6　个人数据和企业数据的分离

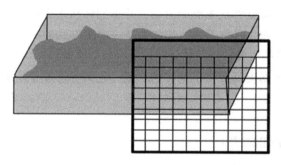

图 13.0.7　沙盒和电子表格之间的契合点

　　在沙盒中，个人分析师可以做任何事情——可以使用任何数据，可以使用任何算法，可以进行处理，不用担心影响其他人。但最后，当分析师从沙盒体验中获得洞察力后，必须将结果和洞察力制度化，并将结果和洞察力转化为企业系统基础设施。

　　所以，个人的分析决策对企业制度有非常真实的、非常有利的影响。但是，这种影响是间接的，不是直接的。

第 14 章
终端状态架构中的数据模型

在整个终端状态架构中，有不同类型的数据模型。这些数据模型提供了一幅"智力路线图"，说明在终端状态架构中会有哪些数据。智力路线图的价值可以通过在美国各地进行一次公路旅行来体现，假设你从东海岸出发，开车到你从未去过的地方——新墨西哥、大峡谷、黄石公园、圣达菲、丹佛等地。你如何从一个地方到另一个地方？你可以使用路线图。路线图告诉你现在的位置，以及如何到达下一个目的地。

终端状态架构的数据模型提供了同样的功能。它们告诉你要找的是什么，以及如何去往可发现其他东西的地方。

14.1 不同的数据模型

图 14.1.1 所示为终端状态架构中不同类型的数据模型。

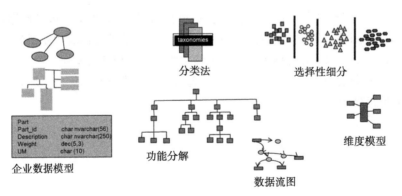

分类法

选择性细分

功能分解

数据流图

维度模型

企业数据模型

图 14.1.1 跨架构的数据模型

终端状态架构的数据模型包括以下几种：

❑ 应用的功能分解和数据流图
❑ 企业数据模型
❑ 文本的分类法
❑ 数据集市的维度数据模型
❑ 数据湖的选择性细分数据模型

我们将讨论这些数据模型中的每一个及其相互之间的关系。

14.2　功能分解和数据流图

图 14.2.1 描述了功能分解和数据流图。

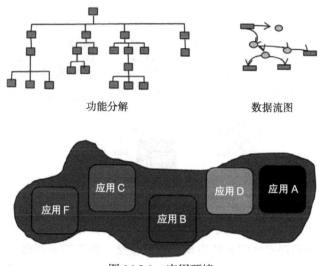

图 14.2.1　应用环境

功能分解是对一个系统所要实现的功能的描绘。功能分解是以层次化的方式进行布局的。在分解的最上层是系统要完成的一般功能，第二层是要完成的主要功能。然后，第二层的每个功能又被分解成子功能，直到达到基本功能点。

功能分解对于查看系统的不同活动是有用的，它可以帮助我们组织功能、识别是否有重叠、检查是否遗漏了什么。当你要踏上长途旅行的时候，看一下美国的地图，看看要去哪些州，以及各州的行程顺序，都是很有用的。

功能分解完成后，下一步就是为每个功能创建数据流图。数据流图从模块的输入开始，说明输入的数据将如何处理，以实现输出数据。数据流图的三个主要内容是输入的识别、模块中将要发生的逻辑描述和输出的描述。

如果说功能分解就像美国的地图，那么数据流图就像一个州的详细地图。数据流图告诉你如何穿越得克萨斯州：你从埃尔帕索开始，向东走，经过麦基特里克峡谷，到范霍恩和塞拉布兰卡，经过佩科斯，再到米德兰和敖德萨，以此类推。得克萨斯州的地图显示了美国地图无法显示的细节。同样，得克萨斯州的地图不能告诉你如何从洛杉矶到圣何塞，或者从芝加哥到内珀维尔。

从功能分解和数据流图的性质来看，过程和数据是紧密联系在一起的。要构建功能分解和数据流图，过程和数据都是需要的。图 14.2.2 显示了功能分解中数据与过程的紧密关系。

功能分解和数据流图是用来定义和构建应用的。一般来说，这些构造可能非常复杂。为了管理这种复杂性，其中一个项工作

图 14.2.2　过程和数据的紧密关系

就是开发范围的定义。在开始的时候，需要对应用程序的范围进行定义。为了保持开发规模的合理性，范围的定义是必要的。如果设计者一不小心使范围变得很大，就有可能导致系统永远也建不起来。因此，在开发工作开始之前，严格定义范围是非常有必要的。

范围定义的结果是，随着时间的推移，组织最终会有多个应用程序，每个应用程序都有自己的功能分解和数据流图。如图 14.2.3 所示，随着时间的推移，每个应用都有自己的一套定义。

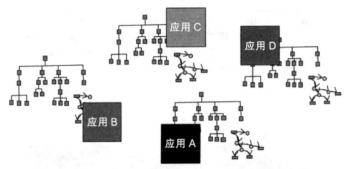

图 14.2.3　每个应用程序都有自己的功能分解和数据流图集

虽然前面所描述的开发过程几乎是每个应用面临的正常现象，但有一个问题。随着时间的推移，不同的应用程序之间开始出现严重的重叠。由于需要严格定义和执行应用范围的定义，因此，相同或相似的功能开始在多个应用中出现。当这种情况发生时，就开始出现冗余数据——相同或类似的数据元素出现在多个应用中。

14.3　企业数据模型

当冗余数据开始出现时，数据的完整性就会受到质疑。正是由于这种开发系统的方法和跨应用的数据不可避免地缺乏完整性，所以人们认识到了企业数据的必要性，而不是应用数据。图 14.3.1 所示为企业数据模型。

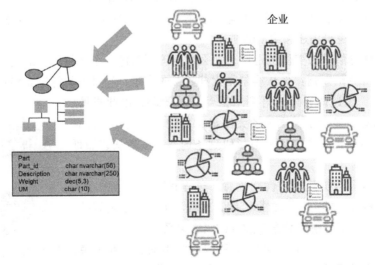

图 14.3.1　企业数据模型

企业数据模型适用于企业的每个人，并对企业的每个人都有用。利用企业数据模型的不同组织如图 14.3.2 所示。

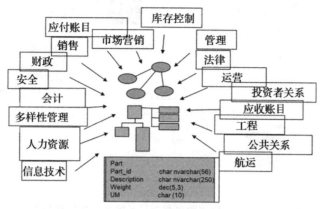

图 14.3.2　企业数据模型表示整个企业

乍一听，企业数据模型可能会让人觉得不知所措。然而，好消息是，大多数企业数据模型不必从头开始建立。想想看，在同一行业的企业内部，数据模型的重复程度很高。一家银行的数据模型与其他银行的数据模型非常相似，一家公用事业公司的数据模型与其他公用事业公司的数据模型非常相似，一家制造商的数据模型与其他制造商的数据模型非常相似，以此类推。

由于同一行业内的数据模型有很大的相似性，所以存在所谓的通用数据模型。只需购买一个通用数据模型，并为特定的公司定制该数据模型，这足够简单，而且价格也不贵。

进一步简化的是，数据模型只为企业中的原始数据而建立。汇总、聚合或派生数据不属于数据模型。从图 14.3.3 中可以看出，只有颗粒数据才属于企业数据模型。

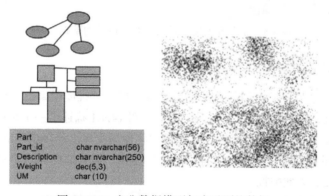

图 14.3.3　企业数据模型仅表示颗粒数据

企业数据模型代表企业中真实数据的单一版本。企业数据是每个人在必须要有一个可靠且准确的答案时，都会转身去查询的地方。其中的一个挑战是，企业的数据通常是由应用数据提供的。而应用数据无疑不是真实数据的单一版本。

为此，应用数据模型与企业数据模型之间的接口很重要，需要仔细定义。应用数据模型与企业数据模型之间的接口定义了重要的数据转换，严格定义好接口后，程序员编写程序来完成转换就很容易了。图 14.3.4 显示了多个应用模型与企业数据模型的连接。

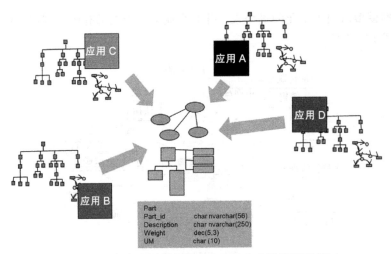

图 14.3.4   每个应用程序都有自己的企业数据模型接口

企业数据模型的用途有很多，主要用途是构成数据仓库的数据库设计基础。如图 14.3.5 所示，企业数据模型是数据仓库的基本规范。

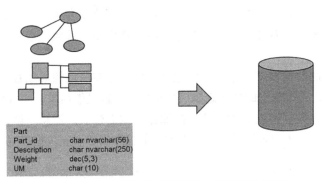

图 14.3.5   企业数据模型是数据仓库设计的基础

14.4   星形连接和维度数据模型

终端状态架构中另一种类型的数据模型是维度模型。维度模型由一个事实表和多个连接的维度组成，其结果就是所谓的"星形连接"。图 14.4.1 描述了一个星形连接。

星形连接反映了不同部门的需求，这些部门将使用受星形连接影响的数据。换个说法，市场部门有一个星形连接，销售部门有一个星形连接，财务部门有一个星形连接，营销部门有一个星形连接，以此类推。

之所以会有不同的星形连接，是因为不同部门对数据的看法不同。一个部门的星形连接反映的是部门对数据的定制化视图。从图 14.4.2 中可以看出，每个部门有不同的星形连接。

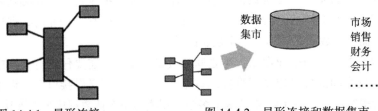

图 14.4.1   星形连接   图 14.4.2   星形连接和数据集市

星形连接的数据来源是企业的数据模型。尽管星形连接反映的是一种特殊的定制化数据观，但数据的来源是统一的。数据的源头仍然是企业的真实数据的唯一来源。

值得注意的是，可以构建一个数据集市，其数据来源不是数据仓库。虽然可以构建这样的结构，但这已经超出了终端状态架构的界限。构建一个数据来源不是数据仓库的数据集市，就像违反了城市的分区规范。你可以在大型办公楼旁边建一个小屋，但如果你这样做了，导致的结果就是一座规划不完善的城市。而且还有一大堆其他的问题也会伴随着一座规划不良的城市而产生。

如图 14.4.3 所示，企业数据模型向星形连接环境提供输入数据。

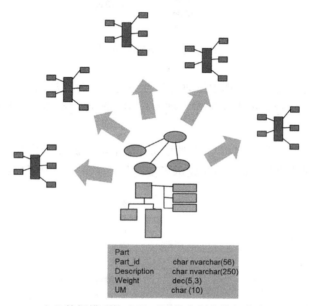

图 14.4.3　企业数据模型构成了不同的定制化数据集市设计的基础

14.5　分类法和本体论

数据模型的另一种重要形式是分类法。分类法是用来塑造和管理文本的数据模型的形式。文本大部分是自由形式的，当作者坐下来写一篇文档时，可以按照自己的意愿来编写。

适合终端状态架构中其他地方的数据模型根本不适合文本。需要采取完全不同的方法来研究和使用决策基础设施中的文本。图 14.5.1 描述了用于将文本整合到终端状态架构中的分类法。

严格来说，分类法可以采取分类法或本体论的形式。在最简单的形式下，分类法仅仅是一个分类的集合。分类法包括一个分类和填充该分类的单词列表。分类法中的类别反映了作者的观点。如图 14.5.2 所示，分类法是由类别和单词组成的。

图 14.5.1　分类法——基于文本

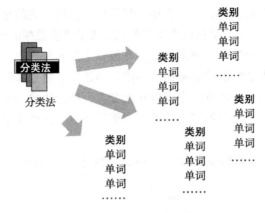

图 14.5.2　类别和单词

　　用于理解文档的分类法与文档中所讨论的业务有关。分类法用来确定所写文字的语境。平心而论，理解语境的意义远不止是在文档上使用分类法这么简单。然而，分类法是一个起点。

　　一旦使用了分类法，且一旦语境处理完成，文本就会被转入数据库。实质上，在文档中发现的文本被"规范化"。图 14.5.3 显示了使用分类法从文档中创建数据库。

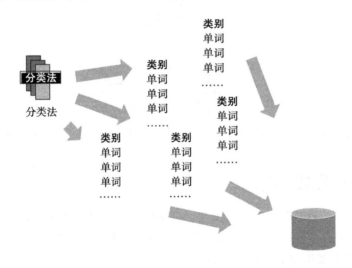

图 14.5.3　分类法——用于塑造文本被规范化的数据库

　　分类法中的类别取决于文档的编写者。设计者使用适当的分类法将文档与将要分析的数据联系起来。

　　在实际工作中，几乎有无数种分类法。分析师决定哪些分类法最适合进入数据库的数据。在不同分类法中发现的单词之间存在重叠是非常正常的。

　　分类法的类别与企业数据模型中的实体大致相当。需要注意的是，分类法的类别和企业数据模型中的实体之间的相关性并不是完全匹配的。两者之间可能有很多差异，所以相关性是不完全匹配的。尽管如此，这两类元素之间还是有一个粗略的近似值。图 14.5.4 表示两类数据模型之间的粗略近似。

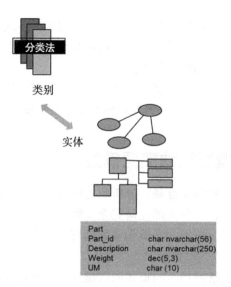

图 14.5.4　分类法的类别与企业数据模型的实体具有高度的相关性

14.6　数据的选择性细分

在终端状态架构中发现的数据建模的最后一种形式是数据湖中数据的选择性细分。可以说，数据湖中数据的选择性细分根本不是数据模型。事实上，数据湖中所有数据的选择性细分都是根据某些特征组织的数据决定的。在数据湖中可能有归档的数据细分，可能有诉讼支持的数据细分，可能有扩展的、批量的数据仓库细分，等等。图 14.6.1 显示了数据湖数据的选择性细分。

数据的选择性细分实际上并不影响数据湖中数据的内容或设计。相反，选择性细分只是影响数据在数据湖中的放置。说到对数据湖中数据的塑造，从图 14.6.2 中可以看出，企业数据模型是影响数据塑造的最大因素。

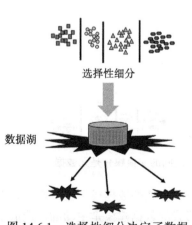

图 14.6.1　选择性细分决定了数据湖的细分方式

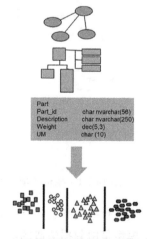

图 14.6.2　数据模型通过细分过程保持基本形状

前面的讨论已经包括在终端状态架构中的所有数据建模形式。功能分解和数据流图适用于应用程序，分类法和本体论适用于文本，企业数据模型适用于数据仓库，维度模型适用于数据集市，而数据的选择性细分适用于数据湖。

每一种数据建模形式都有自己的特点。每种形式的数据建模与其他形式的数据建模都有一定的相似之处，而且每一种形式的数据建模都是建立有效的终端状态架构所需要的。

14.7 主动数据模型和被动数据模型

终端状态架构的一个有趣的特点是，分析师可以从一种形式的数据建模穿越到另一种形式的数据建模。换句话说，当分析师在研究企业数据模型时，可以去看看数据流图；或者当分析师在研究分类法时，可以去看看企业数据模型；或者当分析师在进行数据的选择性细分时，可以去看一下数据的功能分解。

在终端状态架构中，能够遍历不同形式的数据建模所形成的数据信息网络是一个非常重要的特征。通过这种信息网络，分析师可以发现和考察数据的血统，进而了解如下内容：

- ❏ 数据从哪里来？
- ❏ 选择了哪些数据？
- ❏ 哪些数据没有被选取？
- ❏ 对这些数据进行了哪些计算？
- ❏ 计算是在什么时候进行的？

总而言之，在终端状态架构中，能够对不同形式的数据模型进行网络遍历是比较重要的特征之一。图 14.7.1 所示为网络中元数据的作用。

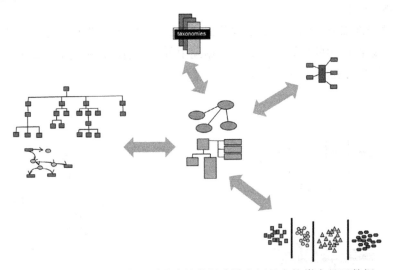

图 14.7.1   架构环境中不同形式的数据建模之间的交换媒介是元数据

不同形式的数据模型之间有一个重要的区别：有些形式的数据模型塑造数据，但其他形式的数据模型是由数据塑造的。换个说法，有些形式的数据建模是主动的，造成了塑造后的数据；但其他形式的数据建模是被动的，是由数据塑造的。

企业数据模型、功能分解和数据流图、维度数据模型是主动的，分类法 / 本体论数据模型和选择性细分数据模型是被动的。

图 14.7.2 显示了终端状态架构中不同形式的数据建模的属性。

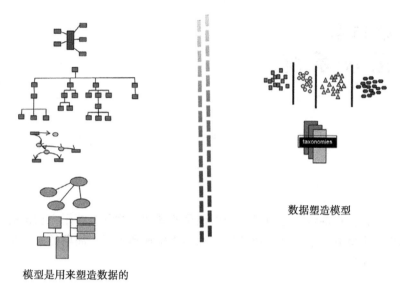

数据塑造模型

模型是用来塑造数据的

图 14.7.2 模型的基本差异

第 15 章

记 录 系 统

终端用户对计算机的认知经历了一个可预见的周期，这种终端用户意识的周期从第一台计算机诞生以来就开始了。这个周期以多种形式出现和再现。周期的第一步是终端用户说"我要我的数据"。

15.1 终端用户的认知周期

图 15.1.1 显示了终端用户首先想要的东西。

终端用户的直觉告诉他，无论在构建什么应用，最重要的是获取数据。但是，获取数据需要很长的时间。所以，终端用户说，我不只是想要我的数据，我现在就想要。我不希望我的数据要等一整天，快点给我。

图 15.1.2 显示了终端用户周期中的下一步。第二步不仅可以让终端用户得到数据，而且加快了数据到终端用户的时间。所以现在，终端用户很快就能得到数据。

我要我的数据

我现在就要我的数据

图 15.1.1　步骤 1——终端用户
　　　　　 的认知周期

图 15.1.2　步骤 2——终端用户的认
　　　　　 知周期

快速获取数据后，终端用户开始查看数据。终端用户决定了数据可以简化和组织成不同方式，还可以将数据可视化。所以现在，终端用户希望数据能够方便地获取和组织，以及被可视化。步骤 3 显示了终端用户认知周期的这一部分（图 15.1.3）。

当终端用户开始快速、便捷地获取数据，并将其简化、整理后，终端用户便开始关注数据的准确性和可信度。这时，终端用户可能会发现，自己得到的数据是错误的。因为数据是错误的，所以数据是没有价值的。从某种意义上说，这个时候的数据是一种负担。它看起来像是正确的数据，但实际上是不正确的。如果人们相信这些数据，就会做出错误的商业决策。而要想发现这些数据是错误的，就需要共同努力。

现在，终端用户的认知又增加了一个参数——终端用户希望得到准确、可信的数据。终端用户意识周期中的步骤 4 如图 15.1.4 所示。

图 15.1.3　步骤 3——终端用户的认知周期

图 15.1.4　步骤 4——终端用户的认知周期

15.2　记录系统简介

为了说明第四步的潜在特性，假设创建了一个电子表格，列出人们的工资。任何人都可以创建一个电子表格，你可以把任何想要的数据输入电子表格中。现在，我在电子表格中输入 Bill Inmon 的工资条目——月薪 100 万美元。

电子表格看起来不错。但是，当我们说到 Bill Inmon 时，电子表格上说 Bill Inmon 月薪 100 万美元。这个信息是不准确的。如果管理层根据这些信息采取行动，他们可能会得出关于 Bill Inmon 的非常错误的结论，因为事实上，Bill Inmon 并没有月入百万美元。

当发现数据不对时，终端用户刚刚发现了所谓的"记录系统"的需求。计算机系统中的记录系统用于保证所访问的数据是经过认证且准确无误的。在记录系统中发现的数据有可能出现错误，但是，这些错误是通过严格的审核和检查而产生的。换句话说，记录系统是现有的最佳数据，已尽一切努力确保数据的准确性。如果记录系统中存在错误，那也不多，一旦发现，就会进行纠正。图 15.2.1 为记录数据系统。

图 15.2.1　记录系统是公司内数据完整性最高的系统

15.3　终端状态架构中的记录系统

记录系统是一个活生生的有机体，在终端状态架构中不同的地方都有它的存在。图 15.3.1 显示了一个简化版的终端状态架构。虽然终端状态架构的组件比图 15.3.1 所示的组件更多，但该架构的主要组件已被描绘出来。记录系统存在于终端状态架构的各个地方。

图 15.3.2 显示的是终端状态架构不同组件中的记录系统。从图 15.3.2 可以看出，记录系统

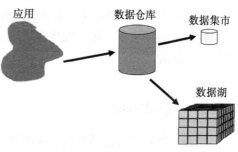

图 15.3.1　简化的终端状态架构

的一部分存在于应用环境中，一部分存在于数据仓库中，一部分存在于数据集市中，一部分存在于大数据环境中。

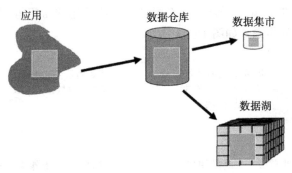

图 15.3.2   终端状态架构不同组件中的记录系统

15.4   老化在记录系统中的作用

记录系统中存在于不同环境的数据类型完全取决于记录系统中数据的年代。图 15.4.1 显示了不同地方存在的不同类型的数据。

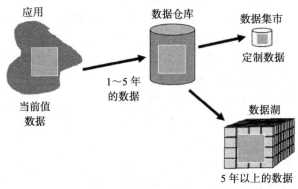

图 15.4.1   记录系统会随着数据的老化而改变位置

在应用环境中，可以找到当前值数据，当前值数据在访问时是准确的。在应用环境中只发现了有限的历史数据。

在数据仓库中，可以发现早期历史数据。对于大多数组织来说，早期历史数据是指 1 到 5 年的数据。

在数据集市环境中，可以找到记录数据的部门定制系统。在部门定制的数据中，可以找到各部门定制的数据，如市场部、销售部、财务部等。

在大数据环境下，可以发现深度历史数据。深度历史数据是指系统的记录数据，是 5 年以上的数据。

15.5   简单示例

作为一个简单的记录数据系统的例子，假设你想知道现在自己的账户余额是多少。你去应用环境中查找账户余额。现在，你正在计算所得税，你需要找到一张 13 个月前开的支票。你去数据仓库找那张支票。

现在，假设你想查看对自己的账户和其他类似账户的营销分析。你可以在营销数据集市的记录系统中查找。现在，假设你正在接受税务局的审计，你需要去找一张 10 年前的支票。你去找大数据中的记录系统。

对于上述每一个点，只要在记录系统中查找，就能找到可靠、准确的数据。

15.6　记录系统中的数据流

当观察记录系统与终端状态架构的映射时，可以看到，从一个组件到另一个组件之间存在数据流。在某些情况下，数据只是简单地从一个组件流向另一个组件，例如从数据仓库流向大数据。但在另一些情况下，数据的流动是以转换的形式进行的。当记录系统内部的数据从应用组件流向数据仓库组件时，数据就会发生转换，数据从数据仓库流向数据集市时，也会发生转换。如图 15.6.1 所示，转换发生了。

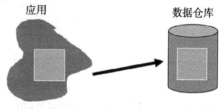

当数据从应用环境转移到数据仓库环境时，数据的测量和定义都会发生变化。举个简单的例子，应用环境中的数据是以英寸为单位进行测量的，而数据仓库中的数据是以厘米为单位进行测量的。当数据从应用环境传递到数据仓库时，要进行数据从英寸到厘米的转换计算。

图 15.6.1　转换

从数据仓库到数据集市的数据转换是一种不同的转换。通常情况下，这种转换是在数据的选择和计算中进行的。举个简单的例子，数据仓库里有所有客户的数据。我们只选取来自密苏里的客户，然后只选取每月消费超过 1000 美元的客户。然后，再将这些被选中的客户的数据加在一起，放在数据集市中。

15.7　记录系统以外的其他数据

另一个有趣的观点是：在应用环境、数据仓库或大数据环境中是否有不属于记录系统的数据？答案绝对是肯定的。而访问和使用这些数据是完全没有问题的。但是，为了保证对数据的极度信任，应该选择记录系统中的数据。

做个类比，假设你想参加一场汽车比赛，你有两个选择——开保时捷或者开大众汽车。选择保时捷可能会提高你赢得比赛的机会，但是，你也可以选择大众汽车参加比赛。谁又能说开着大众汽车一定不能赢呢，不过，要想提高自己的胜率，可能还是选择保时捷比较好。

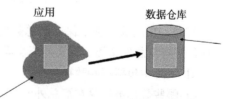

图 15.7.1 显示了记录系统外的数据。

图 15.7.1　记录系统外的数据

15.8　记录系统中的数据是否更新

另一个有趣的问题出现了：记录系统内部的数据可以更新吗？答案是肯定的。但是，在涉及更新的问题时，也有一些考虑。

假设你有一个银行账户，你去查看截至上午 10 点 13 分的余额。然后假设在上午 10 点 45 分，你从银行账户中取款。取款是立即进行交易的。当你查看银行账户中的金额时，金额是可以随时变化的。因此，你不仅要考虑银行账户中的金额，还要考虑金额准确到哪个时间点。所以，更新可以在应用环境中进行。

数据仓库的环境就不同了。新的记录可以放在数据仓库中。比如说，可能有一条你的日常活动记录：截至 7 月 15 日，你的账户里有 nnn 美元。而截至 8 月 3 日，你的账户里有 yyyy 美元。所以，数据仓库中的数据是不断更新的。但是，数据仓库中的历史记录是随着时间的变化值而变化的。图 15.8.1 显示，记录系统中的数据当然是可以更新的。

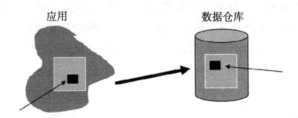

图 15.8.1   记录系统内的数据可以更新

15.9   记录系统中的详细数据和汇总数据

另一个重要的问题是，记录系统能否同时容纳详细数据和汇总数据。当然，记录系统可以保存原始的、详细的数据，这一点是毫无疑问的。但真正的问题是，记录系统是否可以保存汇总数据。答案是肯定的，记录系统可以保存汇总数据，如图 15.9.1 所示。

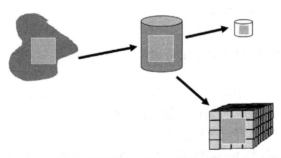

图 15.9.1   记录系统可以同时包含汇总数据和详细数据

然而，在记录系统中保存汇总数据时，还有一个额外的、强制性的要求：必须包括关于如何进行汇总的文档。该文档至少需要包括以下内容：

❏ 汇总中包括哪些数据？
❏ 哪些数据被排除在汇总外？
❏ 什么时候进行的汇总？
❏ 采用什么公式进行的汇总？
❏ 哪些程序进行了汇总？
❏ 汇总结果在哪里发送？

从图 15.9.2 可以看出，记录系统中的汇总需要专门的文档。

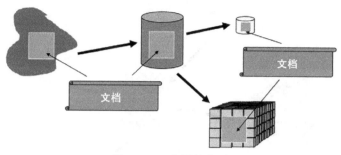

图 15.9.2　文档的作用

15.10　审计数据和记录系统

记录系统有许多用途，其主要目的是为放心地做出业务决策奠定基础。不言而喻，在记录系统中发现的数据是审计的理想选择。相反，在记录系统之外进行数据审计是非常危险的（而且很可能是误导性的）。如图 15.10.1 所示，记录系统支持审计。

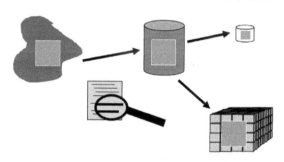

图 15.10.1　记录系统是审计的理想选择

15.11　文本和记录系统

一个有趣的问题是：文本在记录系统中的地位如何？答案是，任何进入企业决策环境的文本都会成为记录系统的一部分。文本是数据的一种特殊情况。

一旦作者写好了文本，就不能更改文本。在法律上和道德上，拿一份书面文本来修改是不妥当的。为此，在决策中使用的文本就成了记录系统的重要组成部分。

即使文本不正确，这也适用。假设有人写了"Bill Inmon 每月赚 100 万美元"，当然，文中描写的信息是不正确的。但是，既然是作者写的，那就不能改变文本，即使文本传达的信息是不正确的。

当然，在企业的决策过程中，有各种各样的文本，有些文本从来没有被用于企业决策。这些文本不属于记录系统的一部分，只有纳入数据库基础设施的文本才会被用于记录系统。图 15.11.1 为记录系统中文本的关系。

文本

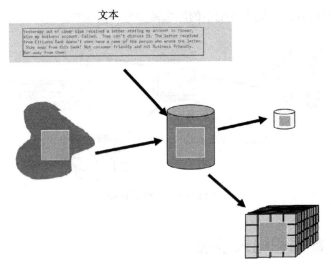

图 15.11.1　文本适合在哪里

第 16 章
商业价值和终端状态架构

16.1 终端状态架构的演变

讲述终端状态架构的商业价值的故事，首先要了解架构在整个组织历史上的演变。图 16.1.1 描述的是架构的典型演变。（注意：所描述的是一个假设的"典型"企业。在一些组织中，终端状态架构的演变会有所不同。）

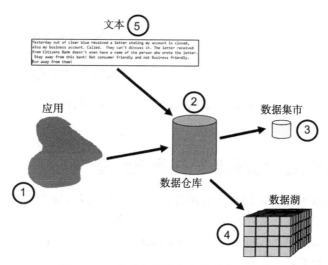

图 16.1.1　构建终端状态架构的典型顺序

在终端状态架构中，首先要构建的部分是应用。在应用成熟后，注意到应用的孤岛效应后，需要建立企业数据仓库。企业数据仓库整合了应用数据，提供了存储历史数据的地方。数据仓库建成后，不同的数据仓库开始如雨后春笋般涌现。

数据开始在数据仓库中积累起来。一段时间后，数据湖 / 大数据环境就建立起来了。数据湖 / 大数据环境也是用来收集外部来源的数据。

最后，从原始文本中收集文字数据，并将其纳入基础设施。在这样的情况下，公司根据终端架构收集数据，并将其组织起来。

16.2   何谓商业价值

为了理解终端状态架构与商业价值的关系，值得研究一下什么是有"商业价值"。其实，对于商业价值的解释有很多，这里使用的解释是对商业价值的经典解释。提升商业价值是指以下几个方面：

- ❏ 增长公司的收入
- ❏ 拓展组织的客户群
- ❏ 提高公司的盈利能力
- ❏ 增加公司的产品和包装组合

这些因素都导致了企业经营健康度的提升。图 16.2.1 描述了对商业价值的这种解释。

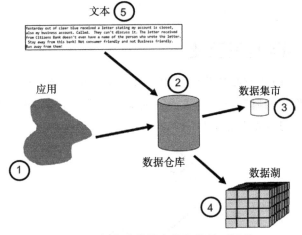

图 16.2.1   每个阶段的商业价值是不同的

16.3   战术性商业价值和战略性商业价值

一般来说，解决商业价值的方法有两种。商业价值可以从战术层面解决，也可以从战略层面解决。成功的企业都是在这两个层面解决商业价值问题。

作为战术性商业价值的一个例子，企业考虑的是潜在客户在购买时的活动。典型的战术层面的考虑因素如下：

- ❏ 购买方便吗？
- ❏ 购买是否能快速完成？
- ❏ 购买的过程是否简单？
- ❏ 客户需要了解什么才能进行实际选择？

这些只是战术上的考虑。

战略决策是一项影响深远的长期决策。典型的战略决策包含以下几个方面：

- ❏ 公司是否应该在一个新的领域开辟业务？
- ❏ 公司是否应该收购另一家公司？
- ❏ 企业是否应该开始开发新的产品线？

图 16.3.1 描述了战术决策和战略决策的区别。

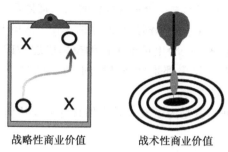

战略性商业价值　　　　战术性商业价值

图 16.3.1　实现商业价值的两种方式

16.4　数据量和商业价值的关系

图 16.4.1 中这幅有趣的图表描绘了一些不直观的信息。这张图显示，随着数据量的增加，整个公司的数据商业价值在降低。换句话说，当企业刚开始收集数据并使用计算机时，所获得的商业价值是相当高的。但随着时间的推移和公司数据量的增加，数据的商业价值会下降。

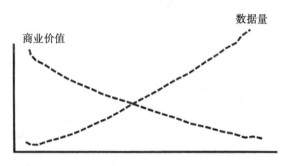

图 16.4.1　商业价值与数据量的关系

16.5　"百万分之一"综合征

出现图 16.4.1 所示的现象有几个原因。其中的第一个原因可称为"百万分之一"综合征。

考虑图 16.5.1 所示的图。可以看出，在所有的数据中，只有一个数据是值得关注的。这个数据单元以不同的灰度显示，它会迷失在所有其他数据中。

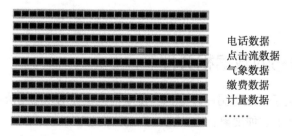

图 16.5.1　几乎每一个数据单元都在剥夺商业价值

为了说明百万分之一综合征，请考虑以下例子。美国每天的每一个电话都有记录。在一天之内，会有数以亿计的电话记录。每当拨号音响起，就会有一个新的记录。

现在，假设分析师正在寻找一个恐怖分子的电话。在一天的时间里，在数亿条记录中，分析师可能会发现两三个电话。一个电话被关注的概率接近 1/100 000 000 000。任何一个电话可能有合法的商业利益的概率都是微乎其微的。而要在所有电话中找到一两个电话，是一件非常复杂且成本高昂的事情。

我们存储了大量的数据，就是为了发现其中稀缺的商业价值。这就是导致图 16.4.1 中所示关系的原因之一。

16.6   商业价值发生在哪里

但是，导致图 16.4.1 所示关系的还有另一个原因。这个原因是，商业价值主要发生在数据最少的地方。图 16.6.1 显示了这种现象。

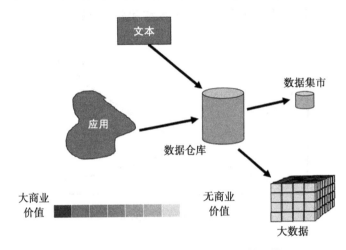

图 16.6.1   终端状态架构的商业价值规模

从图 16.6.1 可以看出，不同的环境具有不同的商业价值。比例尺由深色到浅色变化，颜色越深，商业价值越大。

应用环境的颜色最深，那里有很大的商业价值。文本中也有很大的商业价值。数据仓库和数据集市中有较大的商业价值。而在大数据环境中，只有稀缺的商业价值。

然而，大数据 / 数据湖环境中的数据量是按比例增多的，这也是导致图 16.4.1 所示关系的另一个原因。

16.7   随时间推移的数据相关性

导致图 16.4.1 中关系的还有另一个原因：随着时间的推移和数据的老化，数据会失去相关性。图 16.7.1 显示了这种现象。

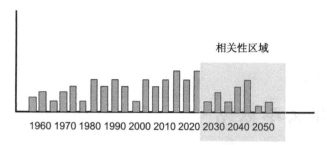

图 16.7.1　随着时间的推移，旧的数据会失去与当前业务的相关性

从图 16.7.1 中可以看出，随着数据的老化，数据会失去相关性。换句话说，数据越新鲜，数据与当今世界相关的可能性就越大。

随着时间的推移，商业条件、技术条件、市场条件、产品条件和政府条件都在发生巨大的变化，以至于从过早的日期和时代来考察数据根本没有任何意义。数据变得如此陈旧，以至于任何结论都与当今世界无关。不过，旧的数据仍然被保存在系统中——通常是在数据湖环境中。

综上所述，有一大堆原因导致了图 16.4.1 所示的事实。

16.8　在哪里做出战术决策

在考虑商业价值时，值得注意的是，战术决策和战略决策之间存在一种共生关系。图 16.8.1 描述了这种关系。

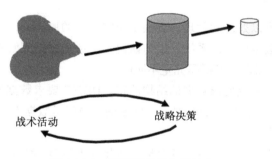

战术活动　　　　　　　战略决策

图 16.8.1　不同活动发生的地方

图 16.8.1 显示，大部分的战术活动和事务发生在应用环境中，而战略活动和决策发生在数据仓库和数据集市环境中。在这两者之间形成了一个处理循环。

事务是在应用环境中运行的，数据作为这些事务的副产品而产生，这些数据会进入数据仓库。

我们对数据仓库和数据集市中的数据进行研究，并做出新的决策。新的决策会对运行的事务产生影响。反过来，一组新的事务被运行，它们的数据被存储在数据仓库中。这样的数据循环对企业的业务产生了深远的影响。

第 17 章

管理文本数据

文本是技术领域的"星期三的孩子"[⊖]。它已经被人遗忘和抛弃，以至于企业好像没有任何文本，更不用说包含重要数据的文本了。然而在大多数企业中，一些最重要的信息都被捆绑在文本中。

多年来，人们不可能自动读取文本并在决策过程中使用它。但是，这种情况已经改变了。如今，人们可以读取文本，并将其纳入标准数据库中。这样一来，文本已经成为企业决策过程中的重要数据来源。

17.1 文本的挑战

文本之所以如此难以处理和管理，有很多非常现实的原因。最主要的原因是，文本不能很好地适应标准的数据库管理系统。换句话说，文本和数据库管理系统之间的配合通常是一件很麻烦的事情，最坏的情况是完全不匹配。

标准的数据库管理系统要求数据的结构严密。DBMS 要求数据的字段大小统一，属性能够定义，键随时可用，以便存储数据。DBMS 的本质就是数据库中的数据单元的统一性。文本都不符合这些要求。

DBMS 的要求是刚性的，并且不容商量。你要么按照 DBMS 希望的方式安排数据，要么就不使用数据库。

而文字是自由形式的。没有人告诉文字的作者或说话人该写什么或说什么。用语言交

⊖ 《星期三的孩子》是一部描述 20 世纪 60 年代西柏林的间谍片，其编剧是后来获得诺贝尔奖的 Horald Pinter。这部电影让人印象最深的，是著名电影配乐家 John Barry 创作的主题曲《星期三的孩子》（Wednesday's Child）。

Wednesday's child is full of woe.

星期三的孩子充满了困苦。

You are a serious person, and try to change things that seem unfair.

你是个严肃的人，总是试图改变不公平的东西。

You make the world a better place!

你会将世界变得更好！

——译者注

流的本质是自由表达自我，按照自己的意愿来表达。每个人的表达方式都不一样。

从图 17.1.1 可以看出，文本的非统一性与标准的数据库管理系统不相适应。DBMS 和文本之间的不匹配得到了人们的持续关注。事实上，在过去的很长一段时间里，已经提出了一系列的解决方案（或尝试性的解决方案）。随着时间的推移，我们已经有了进步，正在试图解决在将文本放入数据库时出现的不同问题。

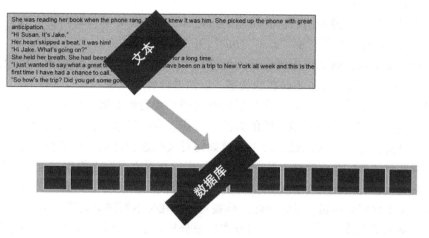

图 17.1.1　将文本放入标准数据库通常是一件很麻烦的事情

图 17.1.2 描述了相关技术的演变。管理文本的第一次尝试是创建一个标准的字段定义，并将文本填充进定义中。需要创建结构化的定义，比如将文本字段定义为 char（1000 字节）。虽然可以将文本放入上述字段中，但也存在很多问题。有些文本条目比 1000 字节短得多（从而浪费了空间），有些文本条目比 1000 字节大得多（造成了复杂性）。仅从大小的角度来看，仅仅定义一个数据字段并不是有效的解决方案。字段的长度总是太长或太短（或两者兼而有之）。

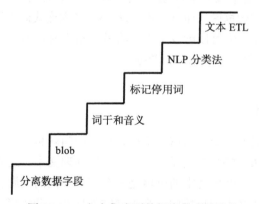

图 17.1.2　文本集成到数据库技术的演变

DBMS 供应商的下一个办法是允许定义一个称为"blob"的字段。blob 允许输入任何长度的文本，从而解决了正确定义字段长度的问题。但仅仅是将文本放入 blob 中，只能解决将文本放入数据库的一个问题。一旦文本被放到 blob 中，除了将数据放到数据库中之外，就没有任何实际的事情可以做了。试图对 blob 内的文本做任何有意义的分析是极其困难的。

在处理需要进入数据库的文本时，下一步的解决办法是采用"词干"。词干是指定义与词根有关系的词。例如，move 这个词与 moving、mover、moved、mover 等词有关系，因此单词 move 是其他词的词干。词干是真正意义上对词的系统分析的第一步。然而，词干分析并没有什么实用价值。

伴随着词干方法出现了音义方法。在音义方法中，单词的拼写和分类都是根据其读音来进行的。和词干方法一样，音义方法也没有什么实际应用。然而，词干和音义都是开始系统地处理文字的第一步。

接下来是识别和去掉停用词。停用词是指正常交流所需的但与所讲内容意义无关的额外词，典型的停用词包括 "a" "and" "the" 和 "to" 等词。

从某种意义上说，删除停用词是开始处理文本的第一个重要实践步骤。删除停用词可去掉 "碍事" 的字，并删除了不必要的文字，以便进行后续处理。

再接下来是标签化方法。标签化是指检查文档并找到和识别文档中所需的单词。对文档中的单词进行标签化是一种很有效的方法，可帮助我们了解文档中的内容。然而，标签化也有几个缺点。第一个缺点是，为了知道如何对文档进行标记，在进行标记之前，你必须知道要找的单词是什么。这样做的前提是，你必须在对方说话之前就知道对方要说什么。而在大多数情况下，这是一个错误的假设。第二个缺点是，除了单纯地识别单词之外，还有很多关于文本理解的问题。尽管如此，标签化还是在文本管理上真正迈出了一步。

将文本输入数据库的下一步是使用分类法来分析句子。分类法解析发生在创建了一个分类法之后，分类法会与原始文本进行匹配。在匹配文本时，可以对单词进行分类。在许多方面，分类法可帮助我们揭开文本分析过程的秘密。当文本与分类法相匹配时，可以对文本做很多事情。

在分类法分析之后，出现了自然语言处理（NLP）。自然语言处理采用了之前的所有技术，并在此基础上进行了改进，从而产生了一种有效的方法来检查和分析文本。

在进化的最后阶段，有了文本 ETL（或称文本消歧）。文本 ETL 可完成 NLP 所做的一切，并增加了很多其他功能。文本 ETL 强调的是对文本语境的识别，而不是文本本身。此外，文本 ETL 专门建立了数据库。而且文本 ETL 还做了内嵌式语境识别。

今天，通过文本 ETL，你可以读取文本并将其转换为有用的数据库。一旦构建了数据库，就可以使用标准的可视化工具来分析数据。

17.2　语境的挑战

试图将文本纳入数据库环境中的第一个也是最大的问题是，文本无法恰当地融入数据库。但这不是唯一的问题。第二个主要问题是，为了处理文本，还必须处理语境。换个说法，处理文本是一个问题，处理文本的语境是一个完全不同的问题。但是，为了把文本有意义地放到一个可以分析文本的环境中，必须同时处理文本和语境。如图 17.2.1 所示，必须考虑文字和语境。

那么，语境为什么这么难处理呢？考虑一下"船"这个词。当你读到一个句子，在其中看到船这个词，你会想到什么？你会联想到海上的大船吗？你会想到飞机吗？你会想到需要送往某地的包裹吗？你会想到即将被运往某个地方的士兵吗？你会想到有人被解雇吗？你会想到其他的东西吗？事实是，船这个词可以代表很多东西，其中大部分的含义都有很大的不同。

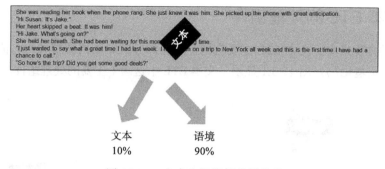

图 17.2.1　文本和语境都必须考虑

要想了解"船"所表示的意思，就要理解这个词的语境。换个说法，一个词的语境通常是这个词的外在性。而语境的外在性对每一个词和每一个对话都是如此。

这就是理解语境的难点。语境存在于它所适用的词语之外（大部分情况下）。偶尔会在句子中找到语境，但更常见的情况是在被分析的单词之外找到语境。图 17.2.2 显示，语境存在于被分析的单词之外。

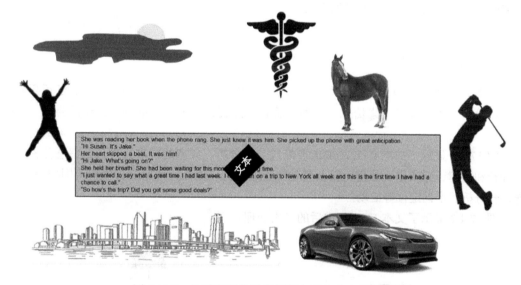

图 17.2.2　几乎所有的语境都存在于文本本身之外

这就是为什么语境是文本 ETL 所做的 90% 的工作，这是为了读取文本并准备将其纳入数据库。

尽管语境是如此难以识别和管理，但必须强制将语境包含在每一个输入数据库的单词中。如果将一个词单独放入数据库，那么这个词将是赤裸裸的。一个词如果没有语境，那么这个词就会迷失，几乎没有任何分析的意义。

文本 ETL 这种技术允许文本被读取并有意义地放入数据库中。文本 ETL 总是会考虑单词和它的语境。图 17.2.3 显示了文本 ETL。

文本 ETL 读取作为输入的原始文本、分类法和其他输入，并确定哪些文本是重要的，以及如何处理这些文本。其输出是一个标准的数据库。

17.3　文本 ETL 的处理组件

从处理的角度来看，文本 ETL 主要有两个处理部分，即文档切割和命名值处理（有时称为"内嵌式语境化"）。图 17.3.1 显示了文本 ETL 中这两个主要的处理组件。

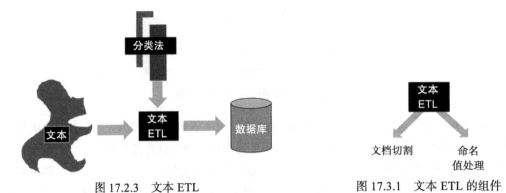

图 17.2.3　文本 ETL

图 17.3.1　文本 ETL 的组件

在文档切割中，文档被处理后仍处于可识别的状态。在命名值处理中，文档被处理，但文本本身在处理结束时是不可识别的。

17.4　二次分析

文本 ETL 实际上只是分析文本的第一步。文本 ETL 产生一个简单的文件，然后再做进一步的分析。第一步是收集信息并将其语境化。然而，要进行文本分析，还需要进一步的处理。

图 17.4.1 显示，文本 ETL 的输出要经过二次分析。典型的二次处理包括情感分析、病历分析和重建、呼叫中心分析，以及其他类型的分析。例如，情感分析包括范围推理分析、连接器分析、谓词定位等活动。

图 17.4.2 显示了文本 ETL 完成后的二次处理。

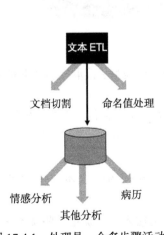

图 17.4.1　处理是一个多步骤活动

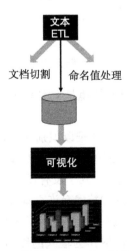

图 17.4.2　数据库建立后，就可以实现
　　　　　数据的可视化

17.5　可视化

二次分析完成后，就可以对结果进行可视化处理。二次分析的输出是一个简单的数据库，便于分析可视化器使用。从图 17.4.2 可以看出，可视化是展示分析处理结果的最佳方式。

所做的可视化可以根据应用的需要进行定制。分析师可以通过多种方式来完成可视化。图 17.5.1 显示了一些典型的参数。

17.6　基于数据和结构化数据的文本合并

将文本数据有意义地输入数据库的主要价值在于分析数据，这一点是非常有价值的。然而，还有其他一些真正重要的好处。其中一个好处是能够将文本数据和标准结构化数据混合在一起。

从图 17.6.1 可以看出，一旦文本数据被采集到标准数据库内部，就可以与经典结构化数据自由混合。

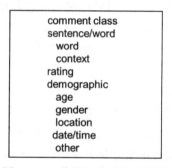

图 17.5.1　分析文本的典型参数

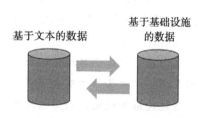

图 17.6.1　混合数据

而一旦基于文本的数据和经典的结构化数据可以混合在一起，就可以对它们进行分析。图 17.6.2 显示了分析师对混合数据进行调查的能力。

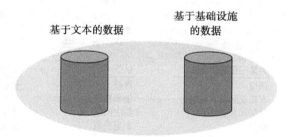

图 17.6.2　分析的可能性

两种类型的数据混合在一起，为进一步的数据分析搭建了舞台，而这在以前只是分析师的梦想。

第18章
数据可视化简介

18.1　数据可视化概览

　　数据对于业务是必要的。当数据被放到可视化中时，就可以用它们来讲述一个故事。故事是一系列事件的序列，可以显示过去、现在和未来。使用可视化来讲述数据的故事，可以显示出模式、趋势和关系，帮助人们关注重要的事情。可视化还可以通过使人们更容易理解数据和隐藏在数据中的不同维度来发现新的信息。可视化正在改变我们讲述数据故事的方式，以提供更好的信息、知识和洞察力。

　　示例　酒店通过客人调查收集了大量的数据。通过将客人调查数据与互联网上的评论数据结合起来，就可以建立可视化的数据，以便更好地了解酒店需要改进的地方。通过观察从酒店客人调查中收集的所有数据在一段时间内的趋势或模式，可以获得关于酒店运营的新见解。通过使用可视化，酒店经理可以对数据进行探索并理解数据趋势和规律，在业务流失到竞争对手之前，发现酒店可能在哪些地方抓住一些战略机会。

　　图 18.1.1 显示了可视化可以帮助我们在决策和行动中获得更深层次的洞察力，从而提供有商业价值的数据。

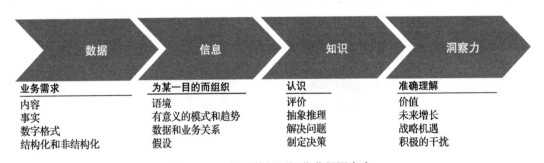

图 18.1.1　使用数据可视化获得洞察力

　　数据可以采纳意见，并把意见转化为事实。基于事实的决策制定不仅需要好的数据，还需要有通过分析将数据转化为有用的信息和知识的能力。许多决策者的任务不是分析数据或处理数据，他们需要将数据以某种形式呈现出来，从而有益于做出决策。可视化可以让数据更容易被探索，或者以更容易理解的方式呈现出来，以便制定决策。如果有效地创建了可视化，就可以做出正确的决策并提供商业价值。

18.2　目的和背景

有效的可视化是受众能够理解的，并且符合创建可视化的目的。其目的可能是向高管层展示分析结果，也可能是向公众展示社交媒体的趋势以教育公众，还可能是展示数据中的结论以提高业务绩效。如果目的是提高业务绩效，可以通过可视化来创建仪表盘。有效的可视化结果将为改善协作、决策和洞察力提供帮助。

可视化可用于探索数据或讲述故事。它们可以很简单，也可以比较复杂，这取决于要讲述的故事和可用的数据。为要讲述的故事选择合适的形式是很重要的，要让受众容易理解。在可视化中添加额外的细节（如标签等）也很重要，以确保受众能够正确理解信息，并理解适当的语境。图 18.2.1 是一个由于标题缺失而导致的糟糕可视化的例子。虽然这个可视化包括比例尺，但并不清楚比较的内容，可能会被误解或产生误导。

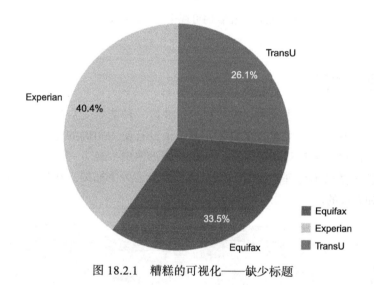

图 18.2.1　糟糕的可视化——缺少标题

18.3　可视化——一门科学和一门艺术

讲述一个关于数据的故事既是一门科学，也是一门艺术。在可视化中选择合适的颜色会对故事的解读产生影响。应避免使用某些颜色作为指标，例如色盲的读者可能无法分辨出红色和绿色的区别。形状和颜色都应该使用。颜色可能与企业直接相关，或者某些颜色会在视觉上引发不同的情绪。蓝色会有镇静的效果，绿色会让人有安全感，红色会产生危险或充满能量的感觉，紫色会产生权力或奢华的感觉。形状、颜色、字体都要考虑到，从而在适当的语境下将故事的内容呈现出来，让观众容易理解。同时，还应避免过多的信息，使视觉上呈现的故事清晰明了，不至于像图 18.3.1 那样杂乱无章。

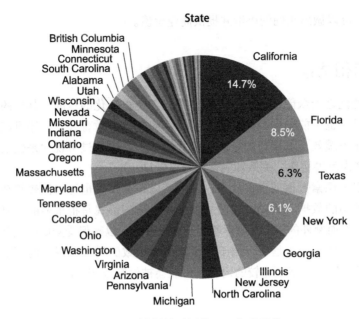

图 18.3.1   糟糕的可视化——杂乱无章

18.4   可视化框架

应该使用一个框架或方法论来创建可视化，并以一种能给受众带来价值的方式进行解读。太多时候，开发人员心中有一个故事，但如果没有使用明确的方法论，就无法以有意义的方式或正确的语境来解释解决方案。如果语境不明确，或者一开始没有很好地定义可视化的目的，就会做出不合理的决策。图 18.4.1 显示了一个框架，在创建可视化时使用该框架是很容易和有效的。

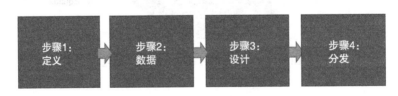

图 18.4.1   可视化框架

18.5   步骤 1：定义

创建有效的可视化的第一步是，通过分析和展示可视化方案中的数据，确定需要更好地理解哪些问题。这一步涉及了解可视化的目的，以及在可视化完成后，谁可以查看或与可视化进行交互。组织中的不同角色可能以不同的方式理解或使用结果。表 18.5.1 显示了一些在创建可视化之前需要考虑的不同角色的例子，以了解业务需求或目的。

定义这一步还要考虑可视化的目的，以满足受众的需求。可视化的目的是提供信息或教育受众，还是影响决策？是为了解决眼前的问题，还是为了探索数据并为战略决策提供更多的洞察力？为了回答这些问题，可视化设计者必须在一开始就与受众见面，了解业务需求或目的。

表 18.5.1　可视化受众角色和行动示例

角　色	目标或行动
CEO	公司战略决策
首席数据官（CDO）	影响企业战略，确定数据管理战略
业务经理	理解性能
数据分析师	即时反应
客户或潜在客户	告知或教育

　　示例　酒店员工告诉管理层，根据客人的反馈，需要新的床垫。酒店经理需要决定在酒店改进方面的投资方向。可视化设计师与酒店经理会面，了解业务问题，从客人调查和在线评论中收集数据，并设计了一个可视化方案来观察客人的情绪。可视化设计师通过对数据的探索，确定床的舒适度或床垫投诉与其他问题相比是不是一个重要问题。可视化设计师通过展示不同的可视化图，并向酒店经理提出建议，帮助酒店经理清楚地看到哪里需要资金来改善客人的反馈，从而减少业务损失。

18.6　步骤 2：数据

　　创建有效的可视化的第二步是了解可视化所要使用的数据。创建可视化应该是相对于第一步中定义的目的而言的。了解有哪些类型的数据，有多少可用的数据，以及可用的数据是否能通过可视化来讲述正确的故事也很重要。

18.6.1　数据类型

　　数据可以分为不同的类型，最常见的分类是结构化和非结构化。当数据被放到一种可使用的格式中，例如有行和列的表或数据库，就被认为是结构化的。非结构化数据包括不符合标准可使用格式的数据，可能包括文本或注释等。在使用非结构化数据来创建可视化时，可能需要先进行额外的工作，将数据转换成可使用的格式。

18.6.2　数据源

　　很多公司的数据丰富，但信息匮乏。这种情况通常是指有很多数据，但它们驻留在很多不同的地方，不能很好地整合在一起，无法发挥作用。例如，数据可能存在于电子表格、文本文件或数据库中。在创建可视化时，可以从许多不同的来源收集数据，但有必要了解不同的数据集是如何关联的。并不是所有收集的数据都会被使用，也不是所有重要的数据都可以在创建可视化时确定。数据来源可能是公司内部的，也可能是外部的，比如公开的数据。根据所选择的可视化软件，可能会使用额外的数据来丰富可视化的内容，如地图等。图 18.6.1 显示了一个利用互联网上的公开评审数据并将 Qlik Sense（Qlik Sense 是一个分析工具，可用于创建可视化。参见 https://www.qlik.com/us/products/qlik-sense。）与地图相结合的例子。这个例子使用不同大小的气泡在地图上按位置显示了更大的数据量。

图 18.6.1　使用 Qlik Sense 地图功能将数据可视化

其他数据来源的例子包括：
- ❏ 运营应用
- ❏ 云系统
- ❏ 文件（如 Excel 和逗号分隔的值（CSV））
- ❏ 时间跟踪系统
- ❏ 扫描系统
- ❏ 电子邮件
- ❏ 客户呼叫中心
- ❏ 调查
- ❏ 互联网

18.6.3　数据组织

必须对数据进行组织以创建可视化。这意味着必须将数据放到一种可使用的格式中。大多数创建可视化的工具都提供了关于如何管理应用程序中的数据或如何连接不同数据源的详细信息。最佳实践要求把数据组织成行和列或表的格式。表中的每个值都应该采用相同的计量单位。例如，表 18.6.1 以行和列的格式显示了航空公司的航班数据，并且具有相同的计量单位。在处理时间数据时，时间格式也必须一致。例如，日期应采用一致的格式，如 MMDDYYYY 等，这样才能正确显示。

表 18.6.1　以行和列格式组织的航空公司航班数据

年　份	航空公司	国内航班	国际航班	总航班数
2017	Southwest	1 313 573	34 308	1 347 881
2017	American Airlines	886 803	193 145	1 079 948
2017	Delta	917 231	144 295	1 061 526
2017	United	580 293	167 578	747 871
2017	JetBlue	291 995	62 369	354 364

　　根据要讲述的故事，可能需要统计学方面的技能和知识。更复杂的可视化可以使用计算来显示分析结果。虽然可视化可以用高质量的数据来讲述故事，但如果呈现数据的方式不合理，也可能会扭曲现实。在使用折线图或条形图时，注意不要截断折线图或条形图的底部，这会使数据点之间因差异过大而扭曲数据。此外，在使用比例尺时要谨慎，如不同大小的气泡，要确保在比较时它们的比例尺是正确的。

18.6.4 数据质量

　　数据质量对于有效的可视化至关重要。高质量的数据包括完整、干净、没有问题或冲突、有效的数据。优质的数据可以提升决策和可视化的水准。数据质量有不同的维度需要考虑，包括以下几个方面：

- ❑ 准确性——正确值。
- ❑ 完备性——无缺失值。
- ❑ 一致性——相同的计量单位或时间格式。
- ❑ 完整性——数据可靠。
- ❑ 时效性——与时间段有关的数据。
- ❑ 独一性——去除重复的内容。
- ❑ 有效性——有效的数据，不是虚构的。
- ❑ 可访问性——在允许使用的情况下可以访问的数据。

　　数据可以从许多不同的地方收集。在设计可视化之前，需要了解将使用的数据。数据可以是结构化的，比如客户的姓名和地点；也可以是非结构化的，比如客户的评论或由电话转录成的文本。在收集数据的时候，需要了解不同的数据集之间的关系。例如，如果要使用结构化的客户数据和非结构化的客户评论，那么它们之间有什么关系？将通过可视化来传达什么，要讲一个什么样的故事？通过了解这些问题，就可以使用正确的可视化类型。

18.7 步骤 3：设计

　　使用可视化来表示数据的概念已经有几百年的历史了。今天，随着技术和商业智能（BI）技术的进步，有许多工具可以帮助创建可视化。技术已经使得快速处理大量数据成为可能。技术可能会继续推进创建可视化的能力——也许是通过音频描述用户想要看到的内容，或者是通过机器学习来创建可视化。无论可视化技术如何发展，有一些基础知识是必须要了解的。说到设计，最重要的基础是确保用户能够理解可视化的语境。在开始设计之前，一定要按照方法论，了解前两步中的定义和数据。要想选择合适的图表，需要了解可视化的数据属性和目的。

18.7.1 可视化的形式

　　在了解业务需求或问题并收集了数据后，就可以开始设计可视化。根据数据的不同，可以使用不同形式的可视化，但选择合适的可视化来改善用户在讲述故事时的体验是非常重要的。所有的可视化不仅要包括数据的可视化，还要包括标签和文字等附加信息，这样受众才能理解内容和语境。表 18.7.1 显示了可以使用的一些基本形式的可视化图表。其中一些图表可以进一步优化，例如，可以在气泡图中使用时间元素来显示随时间的变化。我们将讨论一些常见的基本图表。然而，在设计可视化之前，应该先审视一下可视化的不同形式。

表 18.7.1　可视化的形式

可视化的形式	类别数量	数值变量的数量	目　的	受众易解释程度	例　子
数字图		1	显示	容易	平均评级或得分
饼图	1	1	按比例比较	容易	按公司列出的负面情绪百分比
条形图（基本）	1	1	显示精确值	容易	特定时间段内消费者对 EQUIFAX 的最多投诉
条形图（并排分组）	多个	1 或 2	比较类别	容易	按酒店评级比较酒店
条形图（堆叠）	多个	1	比较类别	容易	通过在线客户评价情绪比较酒店
折线图（单）	1	1+ 日期变量	长期以来的趋势	容易	随时间变化的销售额
折线图（多）	多个	1+ 日期变量	比较多个类别随时间变化的情况	困难	各个征信机构随时间变化的消费者情绪
地图	多个	多个	比较变量和地理分析法	困难	客户投诉的地点和数量
散点图	0 或 1	2	数值之间的关系和相关性	困难	癌症发病率与国家之间的关系
气泡图	0 或 1	3	数值之间的关系和相关性	困难	按资产、收入和利润对航空公司进行比较

数字图

最常见的可视化是简单的数字图。图 18.7.1 所示的数字图是一个很好的可视化仪表板，很容易传达出任何总数，如计数、百分比、平均数或美元数额。趋势指标也可以用在数字图中，但应该代表同一时间段（如年度、季度、每日或月度）。

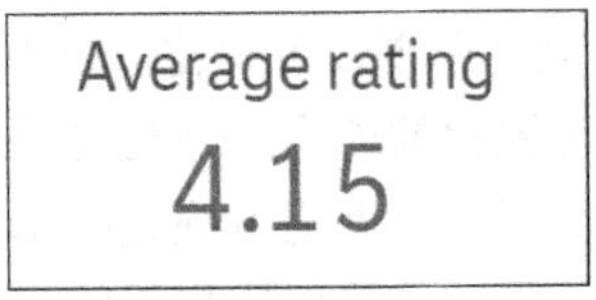

Average rating
4.15

图 18.7.1　数字图

饼图

饼图已经有几百年的历史了，用于显示静态时间段内总关系中的各个部分（如饼的一部分对比整个饼）。饼图是一种简单的可视化方法，可以对单一类别进行简单的比较，但是，饼图并不能很好地用于比较跨多个饼图的大小或分段。饼图将单个类别的数据个体分成若干部分，所有部分的总和等于 100%。如果部分数太多，那么饼图的效果就不好，因为饼图难以标注或显示比例的差异。另外，饼图在仪表板或报表上会占用很多空间。图 18.7.2 显示了一个饼图的例子，其中的类别是酒店的评级。评分是由 1 到 5 来划分的，饼图显示的是每部分的百分比。

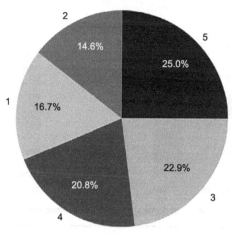

图 18.7.2　饼图

条形图

条形图用于一个或多个类别的对比排名。有不同类型的条形图，选择哪种类型的条形图要根据现有的数据而定。简单的条形图很容易解释，可以用来显示单个类别的总数或趋势。图 18.7.3 显示了一个简单的条形图的例子。

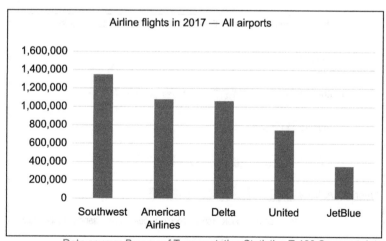

图 18.7.3　条形图

堆叠条形图

堆叠条形图可以用来显示单一类别的总数，也可以在有多个类别时进行比较。例如，图 18.7.4 在堆叠条形图中显示了 2017 年美国航空公司按国内和国际区分的计划航班数。堆叠条形图对于显示调查回复或任何类型的多类别数据都很有效。

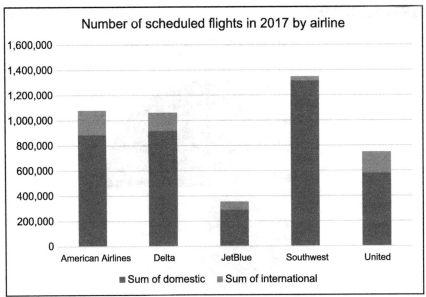

Data source: Bureau of Transportation Statistics T-100 Segment data

图 18.7.4　堆叠条形图

水平条形图

如果类别标签较长，则水平条形图的效果更好。虽然所显示的数据与简单条形图或堆叠条形图相似，但可以使用水平条形图来更好地显示标签或根据显示位置的大小确定尺寸。与其他类型的条形图相比，水平条形图能更好地利用数据来讲述故事（图 18.7.5）。

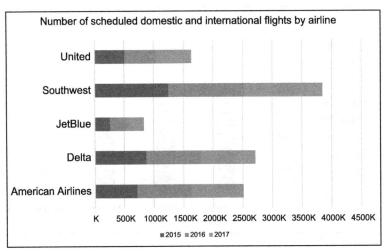

Data source: Bureau of Transportation Statistics T-100 Segment data

图 18.7.5　水平条形图

折线图

另一种可视化数据的基本形式是折线图。折线图需要以一致的时间间隔显示时间数据。图 18.7.6 显示了一个多折线图的例子，其中包含多个类别按时间绘制的多条折线。所绘制的变量是三个不同公司的客户情绪，这种类型的图表并不适合静态的可视化，如

PowerPoint 演示文稿，因为可能会过于杂乱。但是，若使用 Qlik Sense 这样的可视化工具，观众就可以进行互动，并选择自定义的时间范围，从而深入了解更多的细节。在交互式可视化中，将折线图与其他图表结合在一起，可以通过强大的数据探索来讲述故事。

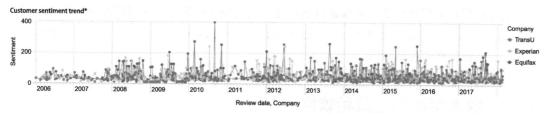

图 18.7.6　显示多个类别的折线图

气泡图

另一种用于比较不同变量的图表是气泡图，或称散点图。气泡图是一种很好的可视化方法，以 3D 方式显示，但比较复杂，需要更多的制作技巧。气泡的不同颜色或大小可以在图表中显示很多信息。气泡图以时间快照的形式呈现数据。然而，通过绘制不同时间段内不同的数据快照，这种图表可以变成动画，通过数据的变化以有趣的形式展现出来。

18.8　步骤 4：发布

数据可视化通过数据的图形化来讲述故事，也是技术和非技术人员之间分享故事的一种方式。可视化完成后的最后一步就是发布。可视化可以通过很多方式来分享或发布。在设计可视化之前就要考虑这一步，因为目的将决定如何发布。可视化的目的是提供信息还是支持数据发现？你的受众是只能查看可视化还是能够通过与可视化互动来获取洞察？

18.8.1　目的：告知或教育

若是为了告知或教育受众，应该通过讲述故事的顺序来展示数据和可视化。例如，如果收集的数据是为了了解顾客对酒店住宿的感受，那么可以创建一个可视化来显示顾客在一段时间内的感受，并以故事的形式展现出来。考虑使用过去、现在和预测未来的数据来讲述故事，以获得最佳的结果或决策。

可通过不同的方式分享或传播可视化，向受众提供信息或教育，这些方式可能包括：

❑ PowerPoint。可视化图表可以复制并粘贴到 PowerPoint 幻灯片上，并添加额外的细节，以呈现突出显示的内容。

❑ 仪表板。仪表板是一个与业务目标相一致的可视化的集合，可作为管理报告使用。仪表板可以让关键业绩指标（KPI）和措施一目了然，以推动改进行动。

❑ 信息图。信息图类似于可视化，因为它是对数据的可视化表示。然而，信息图可能包含更多的图像和文字，这些都是概念性的数据。信息图通常聚焦于某个主题，用来吸引观众。它们可以是单页或多页的。信息图是一个很好的工具，可用于营销活动或总结研究报告。

18.8.2 目的：互动或探索

如果可视化的目的是探索数据，那么交互式可视化就会更有价值。如何发布交互式可视化取决于所使用的软件。大多数可视化工具都具有将可视化发布到互联网（云端）的功能，这样用户就可以进行交互和探索数据。通过定义用户权限，用户可以改变不同的变量，同时故事中的所有图表都会更新。交互式可视化非常适合用户做"如果……将会怎么样"的问题，并能直观地看到结果。

18.9 数据可视化工具和软件

就像机器学习、数字人脸识别、非结构化数据分析和数据科学的发展一样，创建可视化的实践正在快速增长。有许多智能和用户友好的工具可以用于创建可视化。选择合适的工具取决于许多因素，包括可视化制作者的知识、技能和能力。选择工具时要考虑的一些特征包括：

- 易用性
- 拖放功能
- 能够连接到多个数据源
- 管理数据的能力
- 开放和标准的 API
- 用户友好的开发环境
- 分享和合作的能力
- 互动能力
- 最新的功能
- 可升级
- 可管理的安全性
- 漂亮的视觉效果

以下是目前市场上一些不需要复杂的编程技能就能创建可视化的主流工具：

- Qlik
- Tableau
- Microsoft Power BI
- Sisense

18.10 总结

可视化创建和讲述故事的过程中蕴含着很大的价值。可视化框架是最好的方法论，可以确保可视化创建的内容正确，并能在正确的语境中被理解。通过定义目的、与受众对话、收集数据、以故事的形式设计可视化以及发布可视化的过程，可以让数据更容易被理解，让受众专注于重要的内容。使用可视化，通过数据讲故事，是提供更好的信息、知识和洞察力的好方法。通过可视化讲故事是未来的重要发展方向，它能使数据被更好地理解，从而获得更准确的结果和决策。